ICE und Transrapid - Vergleichende Darstellung der beiden Hochgeschwindigkeitsbahnen

Reihe Verkehr & Umwelt

ICE und Transrapid – Vergleichende Darstellung der beiden Hochgeschwindigkeitsbahnen

Historie, Technik, Zukunftschancen

Bibliographische Informationen der Deutschen Bibliothek: Die Deutsche Bibliothek verzeichnet diese Publikation in der Deutschen Nationalbibliographie; detaillierte bibliographische Daten sind im Internet über http://dnb.ddb.de abrufbar.

Text- und Umschlaggestaltung: Bernd Englmeier

Alle Rechte vorbehalten – © Bernd Englmeier, Regensburg 2003.

Der Autor übernimmt keine Haftung für etwaige fehlerhafte Angaben.

Für Anregungen, Kritik etc. erreichen Sie den Autor unter englmeierb@aol.com oder unter bernd-englmeier@gmx.de

Herstellung und Verlag: Books on Demand GmbH, Norderstedt

Gedruckt in Deutschland

ISBN: 3-8334-0629-1

Vorwort

Der Verkehr mit allen seinen positiven und negativen Begleiterscheinungen weist eine beträchtliche Relevanz für den Alltag der Menschen auf und das nicht nur für einen kleinen Teil, sondern für die Gesamtheit der Bevölkerung. Die Auswirkungen betreffen jeden Einzelnen, dies gilt indirekt auch für Personen, die nicht daran partizipieren. Der stetige Verkehrszuwachs in den letzten Jahren und die zunehmende Unfähigkeit der vorhandenen Transportmittel die gewaltigen Verkehrsströme effektiv zu bewältigen, verlangen nach intensiveren Auseinandersetzungen mit dieser Problematik. Neben grundsätzlichen Untersuchungen über die Unumgänglichkeit und die Zweckmäßigkeit dieses Phänomens sind Fragestellungen über Möglichkeiten zu einer verträglicheren Abwicklung dieser Verkehrsströme zunehmend von Interesse.

Dieses Buch befaßt sich mit den beiden deutschen Varianten der spurgeführten Hochgeschwindigkeitsbahnen[1] - ICE und Transrapid -, die im Hinblick auf ein zukunftsträchtiges Gesamtverkehrssystem zwar nur einen kleinen, aber ungemein wichtigen Ausschnitt aus dem Angebot an Transportmitteln darstellen. Dabei bemüht sich die vorliegende Abhandlung um eine *Darstellung* der wichtigsten Gesichtspunkte zu diesen beiden Entwicklungen und setzt sie in *Vergleich* zueinander, um Systemvorteile erkennen und die zukünftigen Entwicklungen abschätzen zu können. Sie legt dabei – entsprechend der Bedeutsamkeit der Thematik – großen Wert auf eine ganzheitliche Betrachtungsweise, da die technischen Gesichtspunkte der Bahnsysteme allein nur geringe Aussagekraft für deren Eignung als Beitrag zu einem zukunftsweisendes Verkehrssystem in sich bergen.

Wenngleich dieses Buch inhaltlich weitgehend auf einer an der Fachhochschule Deggendorf eingereichten Diplomarbeit[2] basiert, reduziert sich der Betrachtungsschwerpunkt keineswegs nur auf die bauingenieurspezifischen Aspekte des Hochgeschwindigkeitsverkehrs. Eine solch eingeschränkte Sichtweise würde der enormen Bandbreite an Forschungsbereichen, die für die Technologie der schnellen Bahnen eine Rolle spielen, auch nicht gerecht werden. Vielmehr wurde versucht, einen möglichst interdisziplinären Ansatz herauszuarbeiten. Dies zeigt sich in der Anzahl der Fachdisziplinen, aus denen Erkenntnisse in diese Arbeit mit eingeflossen sind. Die technischen Gesichtspunkte der beiden Verkehrssysteme bilden das Grundgerüst und somit den Hauptteil dieser Arbeit. Neben den hierfür relevanten ingenieurwissenschaftlichen Disziplinen Elektrotechnik, Maschinenbau und Bauingenieurwesen wurden auch sozialwissenschaftliche, ökonomische, ökologische und nicht zuletzt verkehrsgeographische Aspekte mit eingeflochten.

Diese Untersuchung erhebt keineswegs den Anspruch, die Thematik erschöpfend zu behandeln. Dies ist aufgrund der Vielschichtigkeit der hierzu relevanten Einzelheiten in dem gebotenen Rah-

---

[1] Von Hochgeschwindigkeitsverkehr bei Bahnen spricht man im allgemeinen, wenn diese im regulären Betriebseinsatz Geschwindigkeiten über 200 km/h fahren (vereinzelt wird die Abgrenzung erst bei v > 250 km/h vorgenommen; vgl. Eisenmann 2002, S. 12).

[2] Englmeier 2001.

men auch nicht möglich. Vielmehr wurde versucht, eine umfassende Darstellung der wichtigsten Zusammenhänge zu entwerfen, ohne sich dabei zu sehr im Detail zu verlieren. Nur bei den für das Verständnis wichtigeren Teilaspekten wurde tiefer auf die technologischen Hintergründe eingegangen. Die umfangreichen Literaturhinweise dienen als Orientierung für Leser, die weiterführende Recherchen zu dieser Thematik anstellen wollen.

Mein besonderer Dank gilt Frau Birgit Holzfurtner M. A. für das Korrekturlesen sowie den folgenden Firmen und Organisationen, die mir freizügig Bild- und Textmaterial zur Verfügung gestellt haben: Deutsche Bahn AG, MVP, Siemens AG, Transrapid International GmbH & Co. KG und UIC.

Deggendorf, im April 2003

Inhaltsverzeichnis:

VORWORT 5

VERZEICHNIS DER ABKÜRZUNGEN 12

VERZEICHNIS DER BILDER 14

VERZEICHNIS DER TABELLEN 15

1 EINLEITUNG 16

2 TECHNISCHES PRINZIP DER VERKEHRSSYSTEME 20

2.1 RAD/SCHIENE-TECHNIK 20
2.1.1 Historische Entwicklung 20
2.1.2 Technische Grundlagen 21
2.2 MAGNETFAHRTECHNIK 22
2.2.1 Entwicklungsphasen 22
2.2.2 Varianten der Magnetbahnsysteme 24
2.2.3 Funktionsprinzip bei der Transrapidtechnologie 25
2.3 SYSTEMBEWERTUNG 25

3 FAHRZEUGE 28

3.1 ICE 28
3.1.1 Fahrzeuggenerationen 28
3.1.1.1 ICE/V 28
3.1.1.2 ICE 1 29
3.1.1.3 ICE 2 32
3.1.2 Fahrzeugdaten und Besonderheiten des ICE 3 35
3.1.3 Elektrische und dieselelektrische Triebzüge der ICE-Familie mit Neigetechnik 37
3.1.3.1 Entwicklungsmotivation 37
3.1.3.2 Neigetechnik 38
3.1.3.3 ICE T 39

3.1.3.4 ICE TD 40

3.1.4 Zugkonfigurationen 41

3.2 TRANSRAPID 42

3.2.1 Entwicklungsstufen 43

3.2.2 Fahrzeugdaten und Eigenschaften des TR 08 46

3.2.3 Zugkonfiguration 49

3.3 VERGLEICHENDE ZUSAMMENFASSUNG 49

4 FAHRWEGE 52

4.1 FAHRWEG FÜR DEN ICE 52

4.1.1 Allgemeines 52

4.1.2 Bauweise 54

4.1.2.1 Erdkörper 54

4.1.2.2 Oberbauformen 55

4.1.2.2.1 Schotteroberbau 56

4.1.2.2.2 Feste Fahrbahn 57

4.1.3 Weichen 60

4.1.4 Signaltechnik 60

4.2 FAHRWEG FÜR DEN TRANSRAPID 61

4.2.1 Kenndaten des Transrapidfahrweges 61

4.2.2 Bauweisen 64

4.2.2.1 Aufgeständerter Fahrweg 64

4.2.2.2 Ebenerdiger Fahrweg 65

4.2.2.3 Baustoffe für die Fahrwegkonstruktion 65

4.2.2.4 Neueste Entwicklungen – Der hybride Fahrweg 65

4.2.3 Weichen 67

4.2.4 Möglichkeiten und Grenzen der Verknüpfungsfähigkeit mit anderen Verkehrsmitteln 68

4.3 TRASSIERUNGSELEMENTE DER BEIDEN FAHRWEGE 69

4.4 VERGLEICHENDE ZUSAMMENFASSUNG 70

5 TECHNISCHE AUSRÜSTUNG 72

5.1 ANTRIEBS- UND BREMSSYSTEME 72

	5.1.1	Allgemeines	72
	5.1.2	Antriebssystem beim ICE	72
	5.1.3	Bremssysteme beim ICE	73
	5.1.4	Antriebs- und Bremssystem des Transrapid	74

5.2 ENERGETISCHE ASPEKTE 76

    5.2.1 Energieversorgung des ICE 3 und ICE T 76
        5.2.1.1   Hauptstromversorgung für die Traktionsausrüstung 76
        5.2.1.2   Bordnetzversorgung 77
    5.2.2 Elektrische Ausrüstung des ICE TD 78
    5.2.3 Elektrische Energieversorgung beim System Transrapid 78
        5.2.3.1   Energieversorgung des Linearmotors 78
        5.2.3.2   Bordnetzversorgung 79
    5.2.4 Bauweise der Stromrichter 80

5.3 FAHRZEUGFEDERUNGSSYSTEME 80

    5.3.1 Die gefederten Drehgestelle des ICE 80
    5.3.2 Feder- und Dämpfungssystem des Transrapid 81

5.4 ZUSAMMENFASSENDE BEURTEILUNG DER TECHNISCHEN AUSRÜSTUNG UND DEREN LEISTUNGSFÄHIGKEIT 82

6 UMWELTVERTRÄGLICHKEIT 85

6.1 ENERGIEVERBRAUCH UND SCHADSTOFFEMISSIONEN 85
6.2 LÄRMEMISSIONEN 87
6.3 FLÄCHENVERBRAUCH UND LANDSCHAFTSZERSCHNEIDUNG 88
6.4 ZUSAMMENFASSENDE BEWERTUNG 89

7 BETRIEB UND SCHNITTSTELLEN 90

7.1 LEITTECHNIK 90

    7.1.1 Betriebsleittechnik des ICE 90
    7.1.2 Betriebsleittechnik beim System Transrapid 91

7.2 SICHERHEIT 92
7.3 SYSTEMSPEZIFISCHE PROBLEMSTELLUNGEN 93

    7.3.1 Fahrweganpassung an die Bedürfnisse des ICE 93

7.3.2	Mischbetrieb auf den Neubaustrecken als Hemmnis für den ICE	94
7.3.3	Windanfälligkeit	94
7.3.4	Kompatibilität - Einbindung in das Gesamtverkehrsnetz	95
7.3.5	Fehlende Betriebserfahrungen mit dem Transrapid	95

8 WIRTSCHAFTLICHKEITSANALYSE 97

8.1 ALLGEMEINES 97

8.2 AUSGEWÄHLTE DATEN ZUM VERGLEICH 98

9 ZUKUNFTSAUSSICHTEN 100

9.1 FRAGESTELLUNGEN ZUR GRUNDLEGENDEN NOTWENDIGKEIT EINES HOCHGESCHWINDIGKEITSVERKEHRSNETZES 100

    9.1.1 Analyse der Standpunkte 100

    9.1.2 Akzeptanzprobleme in der Bevölkerung 101

    9.1.3 Interessensgruppen 101

    9.1.4 Ergebnis 103

9.2 ANWENDUNGSSTRECKEN 105

    9.2.1 ICE-Verbindungen 105

    9.2.2 Transrapidprojekte 108

9.3 EXKURS: KONKURRENZVERKEHRSSYSTEME 111

    9.3.1 Rad/Schiene Technik 112

        9.3.1.1 Hochgeschwindigkeitsverkehr 112

            9.3.1.1.1 Der Train à Grande Vitesse (TGV) 112

            9.3.1.1.2 Andere Hochgeschwindigkeitszüge 112

        9.3.1.2 Regionalverkehr 114

    9.3.2 Magnetfahrtechnik 114

    9.3.3 Motorisierter Individualverkehr und Flugzeug 115

9.4 RESÜMEE UND ZUKUNFTSPERSPEKTIVEN 116

    9.4.1 Fazit 116

    9.4.2 Zukunft der Rad/Schiene-Technik im Hochgeschwindigkeitsverkehr .. 118

    9.4.3 Chancen für den Transrapid 119

    9.4.4 Ausblick 121

10 NACHWORT ZUR AKTUELLEN ENTWICKLUNG..............123

ANHANG..125

VERZEICHNIS DER VERWENDETEN LITERATUR.................143

Verzeichnis der Abkürzungen

ABS	Ausbaustrecke
ADtranz	ABB Daimler-Benz Transportation GmbH (jetzt Bombardier Transportation GmbH)
AEG	Allgemeines Eisenbahngesetz
AGV	Automatice à Grande Vitesse (Bezeichnung für den zukünftigen TGV)
AMbG	Allgemeines Magnetschwebebahngesetz
BAB	Bundesautobahn
BMFT	Bundesministerium für Forschung und Technologie
BR	Baureihenbezeichnung
BUND	Bund für Umwelt- und Naturschutz Deutschland
C 50/60	Betondruckfestigkeitsklasse nach DIN EN 206-1 in N/mm^2
CBP	Cronauer Beratung Planung GmbH (Ingenieurbüro)
CIR-ELKE	**C**omputer **I**ntegrated **R**ailroding - **E**rhöhung der **L**eistungsfähigkeit im **K**ernnetz
DB	Deutsche Bundesbahn (heute: DB AG)
DB AG	Deutsche Bahn Aktiengesellschaft
DIN	Deutsches Institut für Normung e.V.
DRP	Deutsches Reichspatent
DS	Drucksache
DWA	Deutsche Waggonbau AG
EBA	Eisenbahnbundesamt
EBO	Eisenbahn- Bau- und Betriebsordnung
EDS	Elektrodynamisches Schwebesystem
EMS	Elektromagnetisches Schwebesystem
engl.	englisch
ETCS	European Train Control System
EU	Europäische Union
europ.	europäisch
FEM	Finite Elemente Methode (EDV-Berechnungsart für die Statik von Baukonstruktionen)
FW 15	Feuerwiderstandsdauer von 15 Minuten bei Normbrand
franz.	französisch
FSS	Frostschutzschicht
GEB	Gemeinschaft europäischer Bahnen
GTO	Gate-Turn-Off (Elemente für den Stromrichter des ICE)
GSM-R	Global System for Mobile Communication - Rail
h	Stunde
Hbf	Hauptbahnhof
HSB	Hochleistungsschnellbahn
HTE	High Speed Train Europe
Hz	Hertz
ICE	Intercity Expreß
ICE/V	Intercity Experimental
ICE T	Intercity Triebwagen
ICE TD	Intercity Dieseltriebwagen
IC NeiTech	Intercity Neigetechnik (Firmenkonsortium zum Bau des ICE T)
IFB	Institut für Bahntechnik GmbH, Berlin

ISO	International Organization for Standardization
jap.	japanisch
JRC	Japan Railway Central (jap. Eisenbahngesellschaft)
K	Kelvin
Kap.	Kapitel
kg	Kilogramm
kV	Kilovolt
kW	Kilowatt
LZB	Linienzugbeeinflussung (Führerraumsignalisierung)
magnet.	magnetisch
MBB	Messerschmitt-Bölkow-Blohm
MbBO	Magnetschwebebahn Bau- und Betriebsordnung
MBPIG	Magnetschwebebahnplanungsgesetz
Mg	Megagramm
min	Minute
Mio.	Millionen
MIV	Motorisierter Individualverkehr (PKW + Motorrad)
MLU	Maglev Levitation U-shape (jap. Magnetbahnsystem)
Mrd.	Milliarden
MVP	Versuchs- und Planungsgesellschaft für Magnetbahnsysteme m.b.H.
NBS	Neubaustrecken
NeiTech	Neigetechnik
NS	Nederlandse Spoorwegen (Niederländische Staatsbahnen)
ÖBB	Österreichische Bundesbahn
PMS	Permanent magnetische Schwebetechnik
PSS	Planumsschutzschicht
r	Radius
SBB	Schweizerische Bundesbahn
SMTDC	Shanghai Maglev Transportation Development Co. Ltd.
SNCB	Société Nationale des Chemins de Fer Belges (belgische Staatsbahnen)
SNCF	Société Nationale des Chemins de Fer Francais (franz. Staatsbahnen)
St 52-3	Stahlfestigkeitsklasse nach DIN 17100 mit einer Zugfestigkeit von 520 N/mm² (jetzt „ S 355")
Tab.	Tabelle
TCN	Train Communication Network (internationaler Standard für Leittechniksysteme)
TGC	Transrapid Guideway Consulting Group (Konsortiumsbezeichnung)
TGV	Train à Grande Vitesse (franz. Hochgeschwindigkeitszug)
TR 08	Transrapid 08
TRI	Transrapid International GmbH & Co KG
Triebzug	Triebwagenzug
TU	Technische Universität
TVE	Transrapidversuchsanlage Emsland
UIC	Union Internationale des Chemins de fer (europ. Eisenbahnnormung)
U/min	Umdrehungen pro Minute
v	Geschwindigkeit in km/h
V	Volt
ZSG	Zentrale Steuergeräte (Hauptbestandteile der Leittechnik des ICE)
zul.	zulässig

Verzeichnis der Bilder

Bild 1.1: Anteile der Verkehrsbereiche an der Verkehrsleistung im Personenverkehr in den Wiederaufbaujahren 1950-1976 in [%] (eigene Darstellung, Quelle: Tietze et al. 1990) 17

Bild 2.1: Darstellung der wichtigsten Komponenten der Magnetbahn Transrapid im Querschnitt (Quelle: TRI 2001) 25

Bild 2.2: Gegenüberstellung der Systemprinzipien (Quelle: TRI 2001) 26

Bild 3.1: Der ICE 1 im Betriebseinsatz am Bahnhof Plattling/Niederbayern (Quelle: Archiv des Verfassers) 30

Bild 4.1: Lichtraumprofil GC für NBS (eigene Darstellung, Quelle: Schneider 2001, S. 12.83) 54

Bild 4.2: Übersicht zur Einteilung der verschiedenen Feste-Fahrbahn-Systeme (eigene Darstellung, Quelle Fleischer, Lieschke, von Wilcken 2002, S. 74 u. Darr 2001, S. 45ff.) 57

Bild 4.3: Beispiele für verschiedene Bauarten der Oberbauform Feste Fahrbahn (eigene Darstellung, Quelle Bösl 2001, S. 7.23) 58

Bild 4.4: Fahrwegausrüstung beim Transrapid (Quelle: TRI 2001) 62

Bild 4.5: Lichtraumprofil für den Transrapid (eigene Darstellung, Quelle: Matthews 1998, S. 64) 63

Bild 4.6: Prinzipdarstellung einer Schnellfahrweiche (Quelle: TRI 2001) 68

Bild 5.1: Prinzipdarstellung des Langstators (Quelle: TRI 2001) 75

Bild 5.2: Blockschaltbild der Einsystem-Schaltung des ICE 3 für einen angetriebenen Wagen (eigene Darstellung, Quelle: Weschta 1995, S. 6) 77

Bild 5.3: Vergleich der Beschleunigungszeiten (eigene Darstellung, Quelle: IFB 2001) 83

Bild 5.4: Vergleich der Beschleunigungswege (eigene Darstellung, Quelle: IFB 2001) 84

Bild 6.1: Energieverbrauch bei 100% Auslastung (eigene Darstellung, Quelle: TRI 2001) 85

Bild 6.2: Spezifischer Energiebedarf pro Sitzplatz (eigene Darstellung, Quelle: TRI 2001) 86

Bild 6.3: Typische Werte der CO_2-Emissionen bezogen auf je 100 Sitzplatzkilometer (eigene Darstellung, Quelle: TRI 2001) 87

Bild 6.4: Vorbeifahrpegel in 25 m Abstand im Vergleich (eigene Darstellung, Quelle: TRI 2001) 88

Bild 7.1: Fahrzeugsteuerung des Transrapid (Quelle: TRI 2001) 92

Bild 9.1: Verkehrsentwicklung des ICE (eigene Darstellung, Quelle: Jänsch 2001, S. 61) 119

Verzeichnis der Tabellen

Tabelle 2.1: Gegenüberstellung der beiden wichtigsten Magnetbahnprinzipien (Quelle: Mnich 1997, S. 816-823) 24

Tabelle 3.1: Technische Daten des ersten deutschen serienreifen Hochgeschwindigkeitszuges (Quelle: Martinsen, Rahn 1997, S. 54) 31

Tabelle 3.2: Technische Daten des ICE 2 (Halbzug) (Quelle: Martinsen, Rahn 1997, S. 117) 33

Tabelle 3.3: Zeitlichen Verlauf der Weiterentwicklung der ICE-Reihe (Quelle: DB AG 2001) 34

Tabelle 3.4: Gelungene Verbesserungen des ICE 3 im Vergleich zu seinem Vorgänger ICE 1 (Quelle: Siemens AG 2001) 36

Tabelle 3.5: Fahrzeugdaten der aktuellen Versionen des ICE 3 (Quelle: Siemens AG 2001) 37

Tabelle 3.6: Technische Daten des ICE T (Quelle: Konsortium IC NeiTech) 40

Tabelle 3.7: Technische Daten des ICE TD (Quelle: Konsortium ICT-VT) 41

Tabelle 3.8: Technische Daten der ersten Transrapidgenerationen (Quelle: Heinrich, Kretschmar 1989, S. 111) 44

Tabelle 3.9: Technische Daten des TR 05 (Quelle: MVP 2001) 44

Tabelle 3.10: Vergleich der drei jüngsten Transrapid-Fahrzeuggenerationen (Quelle: MVP 2001) 45

Tabelle 3.11: Technische Daten des TR 08 (Quelle: TRI 2001 u. MVP 2001) 48

Tabelle 3.12: Variantenübersicht des TR 08 (Quelle: TRI 2001) 49

Tabelle 3.13: Gegenüberstellung der spezifischen Leistungsdaten (Quelle: IFB 2001 u. Wagner 1997, S. 11) 50

Tabelle 4.1: Zusammenstellung der Trassierungsparameter (Quelle: TRI 2001 u. Rath 1993, S. 41) 70

Tabelle 5.1: Antriebsleistung des ICE 3 (Mehrsystemausführung) in Abhängigkeit vom Stromsystem (Quelle: DB AG 2001, Siemens AG 2001) 82

Tabelle 5.2: Vergleich der technischen Ausrüstung von ICE und Transrapid (Quelle: IFB 2001) 83

Tabelle 6.1: Schadstoffausstoß im Vergleich (eigene Berechnungen aufbauend auf Gmelch 2000, S. 156; dort zitiert nach: test spezial 1995, S.114) 87

Tabelle 6.2: Flächenbedarf im Vergleich (Quelle: TRI 2001) 88

1 Einleitung

Der Drang (bzw. Zwang) nach *Mobilität*, im Sinne eines stets möglichen, schnellen und komfortablen Ortswechsels - sei es um die immer weiter vom Heimatort entfernten Arbeitsstätten zu erreichen oder um die gestiegenen Freizeitbedürfnisse zu befriedigen -, nimmt in unserer Gesellschaft eine herausragende Stellung ein. Wenngleich einzelne Beweggründe des Mobilitätsverhaltens vor allem aus ökologischer, aber auch aus volkswirtschaftlicher Sicht kritisch zu beurteilen sind, so änderten sich auch die wirtschaftlichen Rahmenbedingungen, welche einen höheren Bedarf an Verkehrsleistungen bewirken. Dazu gehört auch die Globalisierung als beherrschendes Phänomen unserer Zeit. Sie bringt – unabhängig von ihrer Bewertung[3] – eine zunehmende Vernetzung der Völker und Staaten dieser Erde mit sich. Die rasante Entfaltung der überregionalen und internationalen Beziehungen macht auch vor dem Verkehrssektor nicht halt. Diese Entwicklung führt zu einem wachsendem Bedarf an *integrierten* Verkehrsangeboten, die den Wünschen und Bedürfnissen der Menschen Rechnung tragen; denn ein einzelnes Verkehrsmittel für sich ist schon längst nicht mehr in der Lage, die riesigen Verkehrsströme effektiv zu bewältigen (was sich wohl am eindrucksvollsten an den alltäglichen Staumeldungen ablesen läßt).

Die Verkehrsinfrastruktur in Deutschland - und mittlerweile auch in den meisten anderen Ländern der Erde - wird gegenwärtig (noch) vom motorisierten Individualverkehr dominiert. Diese Situation rührt hierzulande insbesondere von der vorherrschenden Stimmung in den (Wieder-) Aufbaujahren nach dem Zweiten Weltkrieg her. So galt die Verwirklichung der persönlichen Freiheit in einer liberalen Gesellschaftsordnung als vorrangiges Ziel bei der Gestaltung des Verkehrsnetzes. Ein Rückgriff auf bestehende Anlagen war angesichts der massiven Kriegszerstörungen kaum möglich. Daher beschritt man den naheliegenden Weg, eine größtenteils neue Verkehrsinfrastruktur entstehen zu lassen, die sich auf das Automobil als tragende Säule für die zunehmenden Mobilitätsansprüche stützte.[4]

Der Siegeszug dieses Verkehrsmittels schien unaufhaltbar zu sein. Wie aus Bild 1.1 ersichtlich wird, war die rasante Zunahme der Verkehrsleistungen infolge der stetig steigenden Mobilitätsansprüche in den Jahrzehnten nach dem Zweiten Weltkrieg vorwiegend durch die ständig wachsende PKW-Flotte und dem damit einhergehenden kontinuierlichen Ausbau des Straßennetzes in der Bundesrepublik möglich. Die Eisenbahn leistet dazu nur einen geringen Beitrag, so daß deren absolute Verkehrsleistungen annähernd auf gleichem Niveau blieben, der prozentuale Anteil des Schienenverkehrs ging daher im Laufe der Jahre deutlich zurück. In den letzten zwei Jahrzehnten nahm zudem der Einfluß des Luftverkehrs mit imposanten Wachstumsraten bei den Fahrgastzahlen[5] deutlich zu. Gleichzeitig etablierte sich aber durch den verstärkt in den siebziger Jahren des

---

[3] Vgl. Benoist 2001.

[4] Vgl. Knittel 2000, S. 456.

[5] Der Anteil des Luftverkehrs an der gesamten Personenverkehrsleistung in Deutschland stieg innerhalb der 90er Jahre um fast 90 % und beträgt gegenwärtig knapp 5 %. Insgesamt steigerte sich die Personenverkehrsleistung in diesem Zeitraum von 874,7 Mrd. Personenkilometer auf 935,7 Mrd. Personenkilometer, das entspricht einer

vergangenen Jahrhunderts[6] auftretenden Umweltgedanken eine veränderte Wahrnehmung des Verkehrsgeschehens und dessen ökologischen Folgen, die spätestens Mitte der achtziger Jahre zu umgreifenden Veränderungen in unserer Verkehrslandschaft führte. Ein Prozeß des Umdenkens erfolgte, der bis in unsere heutige Zeit anhält. Die vorher uneingeschränkt positive Grundeinstellung zum Verkehr wich einer kritischen Haltung[7], die sich nicht nur in den Köpfen der meisten Menschen, sondern auch (zumindest teilweise) im Handeln der Politiker manifestierte. Parallel zu Versuchen, die negativen Folgen des Individualverkehrs durch systemimmanente Veränderungen (Schlagwort „Drei-Liter-Auto") zu reduzieren, erfolgte vermehrt eine Rückbesinnung auf das älteste Massenverkehrsmittel, die Eisenbahn, die jahrzehntelang nur ein Schattendasein neben dem motorisierten Individualverkehr fristete.

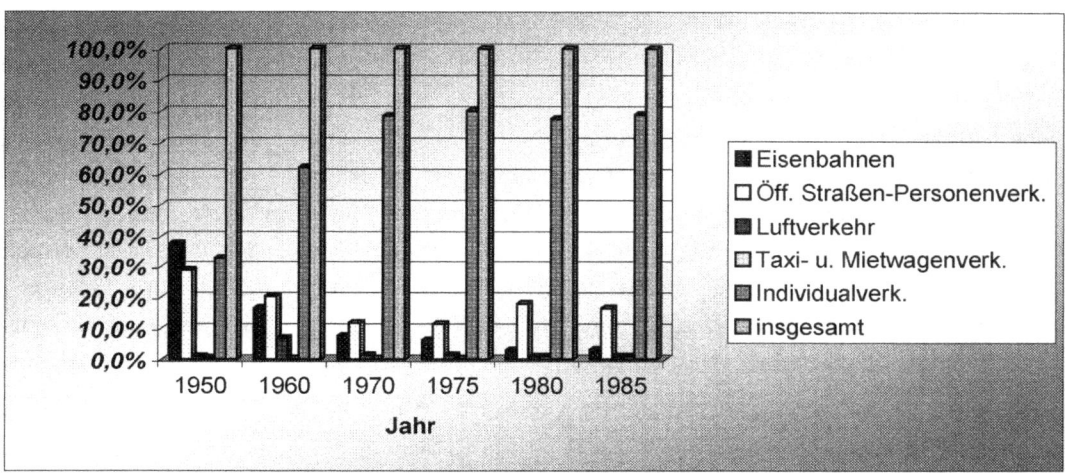

Bild 1.1: Anteile der Verkehrsbereiche an der Verkehrsleistung im Personenverkehr in den Wiederaufbaujahren 1950-1976 in [%] (eigene Darstellung, Quelle: Tietze et al. 1990)

Die Gründe für die Renaissance der Eisenbahn[8] sind vielfältig. Neben Gesichtspunkten der Verkehrssicherheit (geringe Unfallhäufigkeit bei der Bahn, vgl. Kap. 7.2) und des Reisekomforts, spielen vorrangig sozioökonomische und ökologische Aspekte (vgl. Kap. 6.) eine wesentliche Rolle.

Zunahme von 7 % (vgl. Umweltbundesamt 2002, S. 17). Derzeit kennzeichnen zwei gegenläufige Strömungen die Entwicklung der Verkehrsleistungen beim Luftverkehr. Während die angespannte Sicherheitslage zu einem Rückgang der Fahrgastzahlen führt, verursachen die neuerdings vermehrt auftretenden sog. Billigfluglinien vor allem auf Kurz- und Mittelstrecken eine erhöhte Nachfrage.

[6] Die Ursprünge der Umwelt- und Naturschutzbewegung gehen bereits auf den Anfang des zwanzigsten Jahrhunderts (Jugend- und Naturschutzbewegungen) und früher – der Philosoph Ernst Haeckel gab bereits 1966 eine Definition des Begriffs „Ökologie" ab - zurück. Eine gesellschaftsrelevante Breitenwirkung erlangte diese Bewegung allerdings erst durch den Ölpreisschock im Jahre 1973, welcher jedem die Endlichkeit der natürlichen Rohstoffvorkommen drastisch vor Augen führte.

[7] Vgl. Eckart 2000, S. 435.

[8] Vgl. Plemper 1994, S. 10f.

Zwar werden die Verkehrsströme zur Zeit immer noch überwiegend über das Straßennetz abgewickelt[9], eine (politisch gewollte) Trendwende ist aber unverkennbar. So stiegen beispielsweise die Investitionen des Bundes in den Schienenverkehr von 2,73 Mrd. Euro im Jahre 1998 auf 4,42 Mrd. Euro im Jahr 2002 an[10]. Für die Zukunft werden noch weitergehende Maßnahmen angestrebt. Die Zielsetzung bei der derzeitigen Überarbeitung des Bundesverkehrswegeplanes besteht im wesentlichen darin, ein Verkehrssystem zu schaffen, welches die Mobilität aller Menschen flächendeckend und umweltverträglich gewährleisten kann. Um dieses Ziel zu erreichen, sollen möglichst hohe Anteile des Straßen- und Luftverkehrs auf die Schiene bzw. Wasserstraße verlagert werden.[11] Die Investitionsmittel des Bundes für Schiene und Straße werden daher schrittweise angeglichen.[12]

Die Gefahr eines drohenden Verkehrsinfarktes und die teilweise schon bedrohliche Ausmaße annehmenden Umweltschäden, die durch den Verkehr hervorgerufen werden, beschränken sich keineswegs nur auf die Situation in Deutschland. Europaweit zeigt sich nahezu das gleiche Bild. Folgerichtig streben daher die Mitgliedsländer der EU seit einigen Jahren eine gemeinsame Lösung dieser Verkehrsprobleme an. Der Aufbau eines zunehmend integrierten Verkehrssystems soll die Straßen und Autobahnen spürbar entlasten und die ökologischen Folgewirkungen des Straßenverkehrs reduzieren. Damit dies gelingt muß die Wettbewerbsfähigkeit der Bahn gestärkt werden. Die maßgebliche Grundüberlegung hierbei ist die Reisezeiten[13] zu reduzieren, woraus sich eine Schlüsselrolle für den spurgebunden Hochgeschwindigkeitsverkehr, im Spannungsfeld zwischen Umwelt und wirtschaftlichem Wachstum, ergibt.

Um dieser Forderung nach einem attraktiven Angebot im Personenfernverkehr Rechnung zu tragen, hat die GEB/UIC)[14] ein Verkehrskonzept für ein EU-weites Hochgeschwindigkeitsnetz entworfen. Annähernd zeitgleich zu diesen Planungen erfolgte eine weitreichende Veränderung der politischen Situation in Europa (und der gesamten Welt): Die Implosion der Sowjetunion und der damit verbundene Fall des Eisernen Vorhangs machten eine Ausdehnung des angestrebten HGV-Netzes auf die Länder in Ostmittel- und Osteuropa möglich. Das langfristige Ziel ist ein Strecken-

---

[9] Nach SCHIEMANN werden derzeit noch ca. 90% des Personenverkehrs und ungefähr 75% des Güterverkehrs über die Straße transportiert (vgl. Schiemann 2002, S. 2).

[10] Vgl. Bundesverkehrsministerium 2002, S. 12.

[11] Vgl. Bundesverkehrsministerium 2001, S. 4f.

[12] Der Bundesverkehrswegeplan 2003 (bislang liegt erst der Regierungsentwurf vom 20.03.2003 vor) sieht erstmalig eine Angleichung der bereitgestellten Finanzmittel für Straße und Schiene vor. Demnach sollen zukünftig 77,9 Mrd. Euro für den Schienenverkehr und nur noch 77,5 Mrd. Euro für den Straßenverkehr zur Verfügung gestellt werden.

[13] Vgl. Plemper 1994, S. 10.

[14] Der 1922 gegründete internationale Eisenbahnverband (UIC) verfolgt das Ziel, die Betriebsbedingungen der Bahnen zu vereinheitlichen. Ihm gehören mittlerweile 162 Mitglieder aus fünf verschiedenen Kontinenten an, darunter alle europäischen Bahnunternehmen. Der GEB ist eine Vereinigung der Bahngesellschaften der EU-Mitgliedsländer, der zusätzlich die Eisenbahnverkehrsunternehmen der (offiziellen) Erweiterungskandidaten sowie die Staatsbahnen Norwegens und der Schweiz angehören. Beide Organisationen arbeiten eng zusammen, insbesondere auch im Teilbereich Hochgeschwindigkeitsverkehr (vgl. http://www.uic.asso.fr).

netz mit einem Umfang von ca. 23.000 km (davon ca. 12.000 NBS), welches einen Großteil der Ballungsgebiete Europas entlang sog. Korridore verbindet (vgl. Anhang 1). Deutschland kommt dabei, wegen seiner ausgesprochenen Mittellage in Europa, eine Schlüsselrolle zu. Die verkehrliche Wirkung dieses HGV-Netzes soll sich nicht nur auf die Verkehrsströme zwischen den verbundenen Metropolen beschränken, sondern indirekt auch die zahlreich vorhandenen mittleren Siedlungsschwerpunkte einbinden. Dazu ist eine auf die Bedürfnisse der Menschen ausgerichtete, effiziente Verknüpfung der Hochgeschwindigkeitsbahnen mit den anderen Verkehrsmitteln zu einem integrierten Gesamtverkehrsnetz unerläßlich.

Im Mittelpunkt dieser Betrachtung stehen die beiden deutschen Versionen für den Hochgeschwindigkeitsverkehr. Hierbei handelt es sich zu einen um den Intercity Expreß (ICE), als Vertreter der herkömmlichen Rad/Schiene-Technologie, und zum anderen um die Magnetschnellbahn Transrapid, die ein völlig neuartiges Verkehrssystem repräsentiert. Die Anzahl der Veröffentlichungen zum vorliegenden Thema ist - der Wichtigkeit für die Gesellschaft entsprechend - sehr groß. Jedoch beschränkt sich die Zahl der wirklich informativen Fachliteratur hinsichtlich der technologischen Hintergründe dieser beiden Verkehrssysteme auf einige wenige Standardwerke. Vielfach sind die einzelnen Abhandlungen durch eine oberflächliche Darstellung von Einzelaspekten gekennzeichnet. Nicht zuletzt durch die unterschiedlichen politischen Standpunkte, welche eine Polarisierung der Ansichten bewirken, sind eine Reihe der Aufsätze und Schriften zu diesem Themenkomplex in sehr einseitiger, verengender Art und Weise abgefaßt. Ein Großteil der Publikationen stammt von unmittelbaren Beteiligten der Herstellerfirmen oder aus deren Umfeld, so daß oftmals eine gewiße Abhängigkeit von Firmeninteressen nicht zu verkennen ist. Dieser Beitrag bemüht sich um eine Versachlichung der oftmals hitzig geführten Debatte um das Für und Wider der schnellen Bahnen. Dabei wird bewußt ein breiter Blickwinkel gewählt, der zu einer objektiveren Sichtweise führen soll als dies bei zahlreichen anderen Arbeiten zum Themenkreis Hochgeschwindigkeitsverkehr der Fall ist. *Ziel* dieser Arbeit ist es, die relevanten Fakten aus dieser Flut von Informationsangeboten herauszufiltern, sie zu verifizieren - soweit dies aus der Sicht des Autors möglich ist –, sie in kompakter Form darzustellen und zu bewerten.

2 Technisches Prinzip der Verkehrssysteme

Verkehrsmittel, welche Personen und/oder Güter auf spurgebundenen Fahrbahnen befördern, werden gemeinhin als *Bahnen* bezeichnet. Den Nachteil, daß sie nur dorthin gelangen können, wo ihnen auch ein (meist relativ aufwendiger) Fahrweg zur Verfügung steht, kompensieren sie gegenüber anderen Verkehrssystemen (motorisierter Individualverkehr, Flugzeug) dadurch, daß sie durch hohe Kapazitäten pro Querschnitt große Verkehrsströme wirtschaftlich bewältigen können und damit eine hohe Leistungsfähigkeit besitzen.[15]

Bahnen werden hinsichtlich der technologischen Prinzipien unterschieden in:

- Eisenbahnen[16] (ICE)
- Magnetschwebebahnen (Transrapid).
- Seilbahnen
- Zahnradbahnen[17]

Die beiden deutschen Hochgeschwindigkeitsbahnen ICE und Transrapid basieren auf unterschiedlichen Technologien. In der Folge liegt ein Großteil der Unterschiede dieser beiden Verkehrssysteme an systemimmanenten Spezifika. Charakteristisch für beide sind die vergleichsweise hohen Geschwindigkeiten für spurgebundene Verkehrsmittel. Im Gegensatz zum ICE, welcher gewissermaßen die höchste Entwicklungsstufe einer über hundertjährigen Technik verkörpert, ist der Transrapid die - bisher - einzige Produktform innerhalb seines Technologiespektrums, die zur kommerziellen Anwendung kommt. Dieser Umstand stellt einen wesentlichen Vorteil für den ICE dar, da die Grundprinzipien seiner Technologie seit Jahrzehnten bekannt sind.

2.1 Rad/Schiene-Technik

2.1.1 Historische Entwicklung

Bereits im Jahre 1803 wurde in England die erste Dampflokomotive für den Gleisbetrieb entwickelt. Der Betrieb auf der weltweit ersten öffentlichen Eisenbahnstrecke (Länge 39 km) zwischen Stockton und Darlington konnte im September 1825 aufgenommen werden. Diese neuartige Technologie breitete sich bald darauf über den Ärmelkanal nach Deutschland aus, so daß hier 1835 die erste Eisenbahnstrecke zwischen Nürnberg und Fürth fertiggestellt und in Betrieb genommen werden konnte.[18] Erst nahezu hundert Jahre später (1931) war die technische Entwick-

---

[15] Vgl. Matthews 2002, S. 9.

[16] Nachfolgend mit Rad/Schiene-Technik bezeichnet.

[17] Vgl. ebd. S. 14f.

[18] Vgl. Adler et. al. 1981, S. 945-950; Gall, Pohl 1999, S. 13ff. u. Franz-Willing 1988, S.74-83.

lung so weit fortgeschritten, daß der sog. „Fliegende Hamburger" auf der Strecke Berlin-Hamburg eine Durchschnittsgeschwindigkeit von annähernd 200 km/h erreichte.[19]

Das Zeitalter der Hochgeschwindigkeitsbahnen begann in Japan im Jahre 1964 mit dem Shinkansen, der zwischen Tokio und Osaka erstmals 220 km/h fuhr.[20] Aufgrund seiner großen wirtschaftlichen Erfolge, wurden nach und nach auch in Europa und Nordamerika (mit mehr oder weniger guten Ergebnissen) Hochgeschwindigkeitszüge und die dafür erforderlichen Fahrwege entwickelt. Im Jahre 1981 startete in Frankreich der Hochgeschwindigkeitsverkehr mit dem TGV auf der Strecke Paris – Lyon. In Deutschland begann dieses neue Verkehrszeitalter erst zehn Jahre später mit dem betrieblichen Einsatz des ICE.[21] Die Schnellbahnentwicklungen in anderen Ländern waren weniger erfolgreich. Erstaunlicherweise avancierte von den drei oben genannten, weltweit führenden Hochgeschwindigkeitszügen bisher nur der TGV zu einem Exportschlager und das, obwohl er gegenüber dem ICE über nicht unwesentliche Nachteile verfügt. Die weitere Entwicklung bleibt abzuwarten, jedenfalls geht der Ausbau des Hochgeschwindigkeitsverkehrsnetzes (vgl. Anhang 2) kontinuierlich weiter, mit dem Ziel, eine europaweite Ausdehnung zu erreichen.

2.1.2 Technische Grundlagen

Beim Rad/Schiene-System werden die Kräfte der Eisenbahn mittels Formschluß und Reibung auf den Fahrweg übertragen.

Der Radsatz, welcher als Verbindungselement zwischen Zugwagen und Schiene fungiert, erfüllt dreierlei Aufgaben: das *Tragen*, das *Führen* und das *Übertragen* der Beschleunigungs- und Verzögerungskräfte. Er besteht aus zwei auf der Achse aufgeschrumpften Rädern und der Achse selbst. Die Formgebung von Rädern und Schienen ist so aufeinander abgestimmt, daß eine sichere Spurführung in der Geraden und im Gleisbogen gewährleistet wird.

Um Zwängungen zwischen den Schienenkopfflanken und den Spurkränzen (welche zwischen den Schienen laufen und für die Spurführung verantwortlich sind) zu vermeiden, ist ein gewisses Spurspiel erforderlich. Bei Schnellfahrstrecken für den ICE beträgt es in der Geraden 7 mm. Die zulässigen Toleranzen beim Spurspiel betragen bei solchen Strecken −2/+3 mm. Daraus ergeben sich die Grenzwerte für die Schienenkopfabnutzung, welche maßgeblich den erforderlichen Unterhaltungsaufwand bestimmen.

Zur Verschleißverminderung in der Geraden sind die Schienen im Verhältnis 1:40 zueinander geneigt und die Radreifen in der Form eines Kegelstumpfes ausgebildet. Dadurch stellt sich der Sinuslauf des Radsatzes ein, d. h. der Radsatz pendelt sinusförmig zwischen den Schienen ohne daß dabei der Spurkranz am Schienenkopf anläuft. In Ausnahmefällen (z. B. bei Lageungenauigkeiten der Gleise) kann es aber auch zu einem direkten Kontakt zwischen dem Spurkranz des Fahrzeuges und dem Schienenkopf des Fahrweges kommen, wodurch sich erhöhte Verschleißer-

---

[19] Vgl. Liebl et. al. 1985, S. 42ff.

[20] Vgl. Knittel 2000, S. 454ff.

[21] Vgl. Wagner 1997, S. 3.

scheinungen (und Fahrkomfortverluste) einstellen; auch die Gefahr des Entgleisens ist hierdurch gegeben (vor allem bei engen Kurvenradien besteht die Gefahr des „Aufkletterns" des Radreifens auf die Schienenoberkante).

Die Spurweite bei Fahrwegen, auf denen der ICE verkehrt (Ausbau- und Neubaustrecken), beträgt 1435 mm. Dies entspricht der Regelspurweite in den meisten Ländern Europas und der Welt insgesamt.

Die Traktionseinrichtungen befinden sich beim Rad/Schiene-System im Fahrzeug. Die erforderliche Zugkraft, um ein Fahrzeug zu bewegen, wird durch Reibung zwischen Rad und Schiene übertragen, wobei der Kraftschluß von sehr unterschiedlichen Parametern abhängig ist. Nach MEHLHORN[22] sind dies:

- Materialeigenschaften und die Oberflächenbeschaffenheit der Bauteile
- Temperatur (falls durch Reibungswärme eine Festigkeitsminderung der Bauteile auftritt)
- Flächenpressung
- Zwischenmedien (Wasser, feuchtes Laub etc.)
- Gleitgeschwindigkeit

2.2 Magnetfahrtechnik

Weltweit stehen zur Zeit lediglich in Japan und in Deutschland ernstzunehmende Magnetbahnsysteme, welche kurz davor sind oder bereits Serienreife erlangten, zur Verfügung. In zahlreichen anderen Ländern[23] wurden die Erprobungen mit dieser Technologie früher oder später wieder aus den unterschiedlichsten Gründen eingestellt.[24] Somit streiten sich zukünftig die deutsche Version (Transrapid) und die japanische Version das (MLU-System[25]) um die weltweite Marktführerschaft auf diesem Techniksegment.

2.2.1 Entwicklungsphasen

Mit der Anmeldung des Patentes Nr. 643316 leitete der deutsche Elektrotechnikingenieur Hermann Kemper im Jahre 1934 den Beginn einer neuen Verkehrstechnologie ein. Damals entdeckte er die grundsätzliche Möglichkeit einer „Schwebebahn mit räderlosen Fahrzeugen, die an eisernen Fahrschienen mittels magnetischer Felder schwebend entlang geführt werden"[26].

---

[22] Mehlhorn 1996, S. 18f.

[23] Eine Ausnahme in diesem Zusammenhang, stellt die bereits seit 1984 sich in Betrieb befindliche Magnetbahn von Birmingham dar, die dort auf einer nur 620 Meter langen Strecke das Flughafengebäude mit dem Messebahnhof verbindet.

[24] Vgl. Kosak 1987, S. 194ff.

[25] Für das japanische Magnetbahnsystem existieren unterschiedliche Bezeichnungen, diese sind: *MLU-System* (Maglev Levitation U-shape), *Linear Motor Car* und *Linear Expreß*.

[26] DRP 643316 „Basisschaltung" vom 14. 08.1939.

Diese Innovation drohte angesichts der politisch und wirtschaftlich instabilen Folgejahre in Vergessenheit zu geraten. Eine Aufbruchstimmung - wie bei den Anfängen der Eisenbahn zu Anfang des 19. Jahrhunderts[27] - fehlte gänzlich. So ist es auch kaum verwunderlich, daß die Magnetschwebebahn bis zum heutigen Tage um ihre Annerkennung als Beitrag zur Bereicherung des Verkehrsmarktes kämpfen muß.

Erst Jahrzehnte nach der Patentanmeldung gab das Bundesverkehrsministerium eine Studie in Auftrag, welche zum Ziel hatte, die Möglichkeiten der Entwicklung und Einführung einer Hochleistungsschnellbahn (HSB) in Deutschland zu untersuchen[28]. Der Abschluß dieser Studie im Jahre 1972 leitete die industrielle Forschungstätigkeit auf diesem Gebiet ein. Der Systementscheid durch die Bundesregierung (vgl. Kap. 2.2.2.) zugunsten der Elektromagnetischen Schwebetechnik erfolgte im Jahr 1977. Die daraufhin einsetzende Bündelung der Anstrengungen auf diese bestimmte Zielrichtung führte schon sehr bald zu ersten Erfolgen. Schon zwei Jahre später folgte die weltweit erste betriebliche Anwendung einer Magnetschwebebahn für den Personenverkehr im Rahmen der Internationalen Verkehrsausstellung in Hamburg.[29]

Währenddessen nahm auch die Magnetbahnforschung in Japan eine rasante Entwicklung. 1979 erreichte das Magnetschwebefahrzeug ML 500 den bis vor kurzem[30] gültigen Geschwindigkeitsrekord für solche Fahrzeuge mit 517 km/h.[31]

Seit 1984 steht mit der Transrapidversuchsanlage im Emsland (TVE) eine Teststrecke für den anwendungsnahen Dauerbetrieb in Deutschland zur Verfügung. Einen ähnlichen Verlauf nahm die Entwicklung in Japan. Die Versuche anderer Länder (z.B. Italien, USA und Brasilien), in diesem Technologiespektrum Fuß zu fassen, verliefen weniger erfolgreich.

Von Anfang an stand die Magnetfahrtechnik in Konkurrenz zur wesensverwandten, längst etablierten Rad/Schiene-Technik. Nachdem die für ein neuartiges Verkehrssystem besonders wichtige erste Anwendungsstrecke nicht wie geplant zwischen Berlin und Hamburg gebaut wurde, schien diese Technologie in Deutschland schon vor dem endgültigen Aus zu stehen. Erst die positive Nachricht von der Vertragsunterzeichnung in China sorgte für ein Aufatmen bei den Befürwortern der Magnetschwebebahn. Dort entschied man sich, eine Flughafenanbindung an das Zentrum von Schanghai mit dem deutschen Transrapid zu vollziehen, was zwar nicht, wie vielfach behauptet, den internationalen Durchbruch, aber zumindest eine mittelfristige Konsolidierung für diese Technologie bedeutet.

---

[27] Vgl. Gall, Pohl 1999, S. 13.

[28] Vgl. Bundesministerium für Verkehr 1972.

[29] Vgl. MVP 2001 u. TRI 2001.

[30] Das „Blaue Band der Schiene" trägt seit dem 14.04.1999 der aktuelle jap. Magnetschwebezug Maglev MLX-01 mit 552 km/h (vgl. Werske 2003).

[31] Vgl. Mnich 1997, S. 818.

2.2.2 Varianten der Magnetbahnsysteme

Grundsätzlich werden bei der Magnetfahrtechnik drei verschiedene Systeme unterschieden:

- Elektrodynamische Schwebetechnik (EDS)
- Elektromagnetische Schwebetechnik (EMS)
- Permanent Magnetische Schwebetechnik (PMS)

Die beiden erstgenannten Systeme werden derzeit angewendet. In Japan entschied man sich mit dem MLU-System für das EDS-Prinzip.

Beim Transrapid in Deutschland verwendet man die EMS als Grundlage. Dabei wird das Fahrzeug „mit Elektromagneten zum Tragen und Führen ausgerüstet, die bandförmig links und rechts entlang des Fahrzeuges angeordnet sind. Zwischen diesen Magneten und den am Fahrweg angebrachten ferromagnetischen Reaktionsschienen (...) bilden sich anziehende Magnetkräfte"[32]. Hierbei ist, im Gegensatz zum EDS, kein Räderfahrwerk erforderlich.

Tabelle 2.1: Gegenüberstellung der beiden wichtigsten Magnetbahnprinzipien (Quelle: Mnich 1997, S. 816-823)

Merkmale	EDS	EMS
Hauptanwendung	MLU-System (Japan)	Transrapid (Deutschland)
Prinzip	Supraleitende Magnete im Fahrzeug	Geregelte Elektromagnete im Fahrzeug
Anordnung der Magnete	Einzeln in kompakten Fahrwerken untergebracht	In gleichmäßig über die Fahrzeuglänge verteilten Schweberahmen
Magnetische Wirkung	Abstoßendes Prinzip	Anziehendes Prinzip
Schwebekonzept	Bis v = 120 km/h übernimmt ein Räderfahrwerk die Trag- und Führfunktion; oberhalb dieser Geschwindigkeit: Schwebezustand	Schwebezustand im gesamten Geschwindigkeitsbereich
Antriebskonfiguration	Synchroner eisenloser Langstator-Linearmotor	Synchroner eisenbehafteter Langstator-Linearmotor
Entwicklungsverantwortlichkeit[33]	Jap. Eisenbahngesellschaft JRC (Japan Railway Central)	Industriekonsortium mit wechselnder Firmenbeteiligung

Die Forschungstätigkeit mit dem PMS-System wurde in Deutschland – nach einvernehmlicher Favorisierung der EMS-Technologie - bewußt eingestellt, in Japan erzwungenermaßen, da wegen eines Erdbebens im Gebiet der einzigen Produktionsstätte so großer Schaden entstand, daß diese Variante zur Zeit nicht weiter verfolgt werden kann.[34]

---

[32] Zitiert nach: Göske 1995, S.5.

[33] Im Gegensatz zur Situation in Deutschland, fungieren die maßgeblich an der Entwicklung beteiligten Organisationen in Japan auch als zukünftige Betreiber der Anwendungsstrecken.

[34] Vgl. Mnich 1997, S. 816-823.

2.2.3 Funktionsprinzip bei der Transrapidtechnologie

Die Magnetschwebebahn Transrapid verfügt über ein berührungsfreies elektromagnetisches Trag- und Führsystem. Zur Aufnahme der Kräfte ist auch hier ein Fahrweg erforderlich. Das Fahrzeug wird beidseitig durch unterhalb des Fahrweges angeordnete Tragmagnete (vgl. Bild 2.1) gehalten, so daß sich zwischen Fahrzeug und Fahrweg ein konstanter Abstand, Magnetspalt genannt, von ca. 10 mm einstellt. Der Abstand zwischen der Fahrwegober- und der Fahrzeugunterseite beträgt im Schwebezustand 15 cm (Das Fahrzeug schwebt im gesamten Betriebszustand, lediglich an Bahnsteigen wird es abgesenkt). Seitlich wird es durch Führmagnete fixiert und in der „Spur" gehalten.

Das ganze System beruht auf der anziehenden Wirkung zwischen den im Fahrzeug angeordneten einzeln elektronisch geregelten Elektromagneten und den Reaktionsschienen – den sog. Statorpaketen[35] - mit ferromagnetischen Eigenschaften.

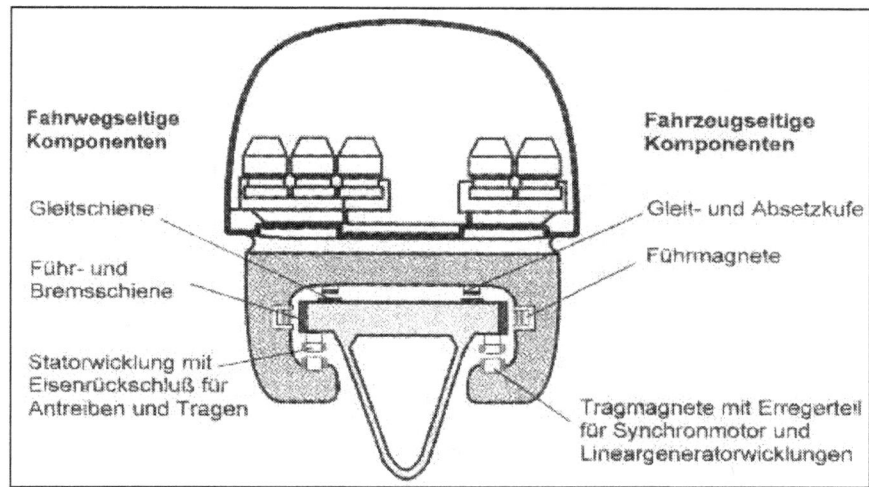

Bild 2.1: Darstellung der wichtigsten Komponenten der Magnetbahn Transrapid im Querschnitt (Quelle: TRI 2001)

Der Abstand zwischen den beiden Außenflächen der Seitenführungsschienen einer Spur entspricht bei Magnetschwebebahnen der Spurbreite. Beim Transrapid beträgt dieses Maß 2800 mm. Somit ergibt sich für den Transrapid eine größere Breite als beim ICE.

Ein wesentliches Unterscheidungsmerkmal zur Rad/Schiene-Technik stellt die Anordnung der Antriebseinrichtungen dar. Sie befinden sich bei der Magnetfahrtechnik weitestgehend im Fahrweg und nicht im Fahrzeug, was eine deutliche Gewichtsersparnis für die Transrapidfahrzeuge zur Folge hat. Die Fahrwegausbildung wird natürlich im Gegenzug aufwendiger und kostenintensiver.

2.3 Systembewertung

Grundsätzlich sind Freiheitsgrade bei Bahnsystemen nur eingeschränkt vorhanden. Durch das Spurführungssystem ist der Fahrweg und somit die möglichen Fahrziele fest vorgegeben. Ledig-

---

[35] Statoren (=Ständer) sind die unbeweglichen Primärteile des Linearmotors.

lich an fest definierten Fahrwegverzweigungen (Weichen) kann die vorgegebene Richtung gewählt werden.[36]

Betrachtet man ausschließlich die Funktionsprinzipien (vgl. Bild 2.2) der beiden Hochgeschwindigkeitsbahnen, so lassen sich eindeutige Systemvorteile für die Magnetfahrtechnik und damit für den Transrapid erkennen.

Die Rad/Schiene-Technik stößt bei Geschwindigkeiten über 300 km/h an ihre Grenzen. Mit zunehmender Geschwindigkeit entsteht durch den Rollvorgang und die Spurführung erhöhter Verschleiß an den Spurkränzen sowie am Gleiskörper. Die Geräuschentwicklung, die Bodenerschütterungen und der hohe erforderliche Aufwand für die Fahrweginstandhaltung lassen auch in Japan, dem Land mit der größten Erfahrung im Schnellbahnverkehr, Betriebsgeschwindigkeiten deutlich über 300 km/h bisher nicht zu. Die Antriebsaggregate müßten derart überdimensioniert werden um die Fahrwiderstände zu überwinden, daß kaum mehr Nutzlast befördert werden könnte.[37]

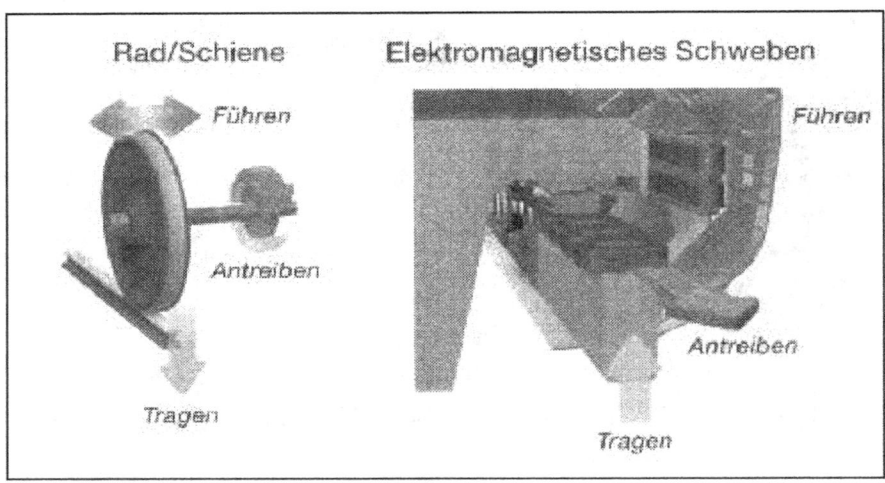

Bild 2.2: Gegenüberstellung der Systemprinzipien (Quelle: TRI 2001)

Bei der berührungsfreien Magnetfahrtechnik entfällt der Verschleiß von Fahrzeug und Fahrweg durch Reibung, was sich sehr positiv auf die Instandhaltungskosten auswirkt. Ebenso entfällt das Rollgeräusch. Hinsichtlich der bei hohen Geschwindigkeiten maßgeblichen Aerodynamik des Fahrzeugs sind die Gestaltungsmöglichkeiten beim Transrapid durch die größere Fahrwegbreite wesentlich flexibler als beim ICE, der aufgrund seiner Abhängigkeit von der Spurweite nur einen geringen Spielraum in diesem Zusammenhang besitzt.

---

[36] Vgl. Köhler 2001, S. 657f.

[37] Vgl. Mnich 1997, S. 816f u. Wagner 1997, S. 3ff.

Somit scheinen die Chancen für die Magnetfahrtechnik, die Lücke im Verkehrsangebot zwischen Flugzeug und Individualverkehr langfristig schließen zu können, erheblich günstiger zu sein als für die von vielen als „veraltet" und schwerfällig angesehene Rad/Schiene-Technik.

Jedoch ist zu beachten, daß dem ICE kurzfristig ein nicht unerheblicher Vorteil dadurch entsteht, daß seine Technik schon seit Jahren praxiserprobt und seine Funktionsweise uneingeschränkt nachgewiesen ist. Inwieweit die Transrapidtechnologie einwandfrei funktionieren kann, wird sich wohl erst nach der Betriebsaufnahme auf der ersten Anwendungsstrecke zeigen, wenngleich es in der Theorie keine größeren Probleme mehr zu geben scheint.

3 Fahrzeuge

Eines der wichtigsten Kriterien für die Thematik dieser Arbeit stellen die Fahrzeuge selbst dar. Wenngleich sich die aktuellen Modelle - der ICE 3 und der TR08 - auf den ersten Blick optisch nur geringfügig unterscheiden, da sie beide weiß lackiert und mit einem markanten roten, durchgängigen Farbband versehen sind (zusätzlich ziert beide Fahrzeuge das Logo der DB AG), gibt es doch erhebliche Unterschiede bezüglich der in ihnen steckenden Technik.

3.1 ICE

3.1.1 Fahrzeuggenerationen

Beginnend mit dem Versuchsfahrzeug ICE/V (Intercity Experimental) erfolgte eine kontinuierliche Weiterentwicklung der deutschen Version des Hochgeschwindigkeitszuges. Dabei beschränkte sich die Forschungstätigkeit keineswegs nur auf den Zug selbst und seine bestmögliche Anpassung an die gegebenen Verhältnisse, sondern sie umfaßte zusätzlich die Suche nach Verbesserungsmöglichkeiten auf den Gebieten Fahrweg Fahrzeug/Fahrwegdynamik, Betriebsleittechnik, Energieversorgung und Umweltverträglichkeit, sowie die Optimierung des ganzen Systems ICE, im Zusammenhang mit der Vernetzung mit den nationalen und internationalen Betriebsabläufen. Mittlerweile ist der ICE als Flaggschiff der DB AG fest und erfolgreich in den Verkehrsmarkt integriert und steht, wenn auch nicht ganz unumstritten, symbolisch für den hohen technischen Standard der deutschen Ingenieurskunst auf dem Gebiet der Bahnsysteme.

Der Startschuß für diese Entwicklung fiel im Jahre 1972 mit einem Förderprogramm des damaligen Bundesministeriums für Forschung und Technologie (BMFT). Inhalt dieses Programms war die Förderung der Bahntechnologie - als volkswirtschaftliche Aufgabe definiert - mit dem Ziel, die Forschungstätigkeit auf dem Rad/Schiene-Sektor zu forcieren.

Im Forschungsbereich Fahrzeug sind die Untersuchungen darauf ausgelegt, die optimale Gestaltung und Beschaffenheit der Fahrzeugkomponenten zu finden. Dies geschieht durch theoretische und experimentelle Untersuchungen mit neuartigen Werkstoffen und umfassenden Prüfungen der bereits verwendeten Materialien. Weiterhin wird die Anwendbarkeit alternativer Konstruktionsprinzipien untersucht. Besondere Aufmerksamkeit wird dabei den Gesichtspunkten Gewichtsreduzierung und günstige Aerodynamik gewidmet, da diese für das schnelle Beschleunigen und die Fahrt bei hohen Geschwindigkeiten eine wesentliche Rolle spielen.

3.1.1.1 ICE/V

Parallel zu den Forschungen des Bundes begann man Mitte der 70er Jahre bei der Deutschen Bundesbahn (DB) mit den Planungsarbeiten für einen Hochgeschwindigkeitszug mit einer Spitzengeschwindigkeit von bis zu 250 km/h. Die Planungen des BMFT waren damals schon weitreichender. Sie verfolgten bereits ab dem Jahre 1979 eine Leistungsauslegung für eine Maximalgeschwindigkeit von 350 km/h für mit bis zu 400 Personen besetzte Züge. Dies führte zu einer verstärkten Einflußnahme des BMFT auf die DB, so daß sich später bei der Zusammenarbeit diese ehrgeizigeren Ziele der Regierung in den Planungskonzepten niederschlugen.

Ende 1985 ging dieser erste ICE, welcher vom optischen Erscheinungsbild bereits große Ähnlichkeit mit seinen Nachfolgern aufwies - charakteristisch sind die aerodynamische Gestaltung des Triebkopfes, sowie das, durch die rote Farbgebung hervorgehobene, durchlaufende Fensterband der Mittelwagen - in Betrieb. Die Entscheidung fiel damals für das Triebkopfzugkonzept. Die konzeptionelle Ausrichtung dieses Zuges orientierte sich an folgenden Forderungen[38]:

- Vorgaben des Betreibers DB betreffend den betrieblichen Anforderungen hinsichtlich Trennbarkeit im Betrieb und räumlicher Konzentration des Antriebs
- Möglichkeit der Versuchsdurchführung an Komponenten und Systemen zur Funktionserprobung
- Einsatzerprobung im DB-Netz zu Demonstrationszwecken mit größtmöglicher Geschwindigkeit
- Auslegung für eine Höchstgeschwindigkeit von 350 km/h

Gebaut wurden folglich zwei Triebköpfe mit jeweils 4,2 MW Leistung, ein Meß- und zwei Demowagen, so daß der „komplette" Zug ein Gesamtgewicht von 300 Mg erreichte.

Die erfolgreiche Testerprobung dieses Versuchs- und Demonstrationszuges symbolisiert die im Mai 1988 erreichte Rekordgeschwindigkeit von 406,9 km/h (damals Weltrekord für Schienenfahrzeuge). Daraufhin erfolgte im selben Jahr noch die endgültige Entscheidung ein auf dem ICE/V basierendes Serienfahrzeug zu bauen, welches vornehmlich auf den Neubaustrecken zum Einsatz kommen sollte.

3.1.1.2 ICE 1

Für das erste Serienfahrzeug, den ICE 1, wurden die Vorgaben des ICE/V vielfach übernommen, so auch das Triebkopfzugkonzept. Jedoch erfolgten vor allem aus kommerziellen Gründen einige Detailveränderungen (z. B. Optimierung der Sitzplatzkapazität). Einsparungen bei den Herstellungskosten erzielte man zum Beispiel dadurch, daß man den außenhautbündigen Wagenübergang durch eine günstigere Lösung, nämlich den Wagenübergang mit Doppelwellenbalg, ersetzte. Als weitere kostengünstigere Detailverbesserung gegenüber dem vorwiegend auf Versuchs- und Demonstrationszwecke ausgelegten ICE/V ist zu nennen, daß pro Radsatz nur noch zwei statt bisher drei Stahlgußbremsscheiben eingebaut wurden. An diesen genannten Veränderungen zeigt sich deutlich die kommerziellere Ausrichtung des ICE 1 gegenüber seinem Vorgänger. Darüber hinaus wurde vor allem an der Weiterentwicklung der Leistungselektronik gearbeitet. Zahlreiche kleinere Veränderungen rührten aus der Entscheidung für ein neues Instandhaltungskonzept her. Als eine der wichtigsten Detailverbesserungen gegenüber dem ICE/V sei erwähnt, daß die Triebköpfe des ICE 1 teilweise schon mit den fortschrittlichen GTO-Leistungsstromrichtern für die digitale Steu-

---

[38] Vgl. Martinsen, Rahn 1997, S. 185.

erung des Drehstromantriebes ausgestattet sind. Ebenso wurde der bereits hohe Standard der aerodynamischen und aeroakustischen Eigenschaften, welche beide bei sehr hohen Geschwindigkeiten eine entscheidende Rolle spielen, weiter optimiert.

Bild 3.1: Der ICE 1 im Betriebseinsatz am Bahnhof Plattling/Niederbayern (Quelle: Archiv des Verfassers)

Wegen des hohen Tunnelanteils auf den Neubaustrecken wurde der ICE als erster europäischer Zug druckdicht konstruiert[39]. Als Werkstoff für die Wagenkästen wurde Aluminium für die Mittelwagen und Stahl für die Triebkopfwagen verwendet. Mittels der Finiten Elemente Methode (F.E.M.) wurde die Statik des Fahrzeugkastens berechnet. Dafür wurden zwölf verschiedene Lastfälle mit maximalen Spannungen von bis zu 1500 kN/m² zur Untersuchung herangezogen. Die Blechstärke der durch zahlreiche Streben und Pfosten ausgesteiften Außenwände beträgt 2,75 mm. Die Türöffnungen wurden auf die beiden gängigen Bahnsteighöhen in Deutschland (760 und 550 mm) ausgerichtet konzipiert.

Für die Betriebspraxis nicht unwesentlich war, daß der ICE die Zulassung für das Streckennetz der Österreichischen Bundesbahn und der Schweizerischen Bundesbahn erhielt. Dazu wurde für das Schweizer Streckennetz ein zweiter Stromabnehmer montiert. Für mehr Zuverlässigkeit im Alltagsbetrieb erhöhte man die Leistungsfähigkeit des Triebkopfzuges auf 4800 kW, so daß dem ICE 1 zusammengenommen 9600 kW Leistung zur Verfügung stehen. Bei den für das Fahrverhalten maßgeblichen Drehgestellen (mit einer Geschwindigkeitsauslegung auf 310 km/h) legte man großen Wert darauf, die auf die Schiene wirkenden Lasten zu begrenzen, um die Abnützung an Rad und Schiene möglichst gering zu halten[40].

Bezüglich des Komfortangebotes an die Reisenden setzte man beim ICE von Anfang an auf höchstes Niveau. Der ICE Standard wurde ganz bewußt oberhalb dessen, was das übliche IC-System bietet, angesetzt, um die angestrebte Kundschaft, welche sich überproportional aus Geschäftsreisenden zusammensetzt, damit zufriedenstellen zu können. Diese Tatsache brachte dem ICE die schon früh von Kritikern geprägte Bezeichnung ein, er sei ein „Zug von Managern, für

---

[39] Vgl. Bahntech 4/2002, S. 23.

[40] Vgl. Martinsen, Rahn 1997, S. 34 ff.

Manager"[41]. Nebenbei bemerkt übertrifft der Reisekomfort des ICE auch deutlich den des TGV, da die SNCF für den angestrebten wirtschaftlichen Erfolg ihres Hochgeschwindigkeitszuges andere Marketingstrategien bevorzugt.

Mit diesem Zug begann am 2. Juni 1991 das Zeitalter des Hochgeschwindigkeitsverkehrs in Deutschland. Für den kommerziellen Betrieb wurde die Zugkonfiguration des ICE 1 auf bis zu 14 (meist 12) nicht angetriebene Mittelwagen und zwei Triebköpfe, welche den Zug auf eine Höchstgeschwindigkeit von 280 km/h beschleunigen konnten, ausgelegt. Bedingt durch das Blockzugkonzept ist eine schnelle Trennung der Einzelwagen nicht möglich. Für die Maximalzahl von 14 Mittelwagen erfolgte die Leistungsauslegung auf eine Höchstgeschwindigkeit von 250 km/h, für die Lauf- und Bremsanlagen sogar auf 280 km/h.

Tabelle 3.1: Technische Daten des ersten deutschen serienreifen Hochgeschwindigkeitszuges (Quelle: Martinsen, Rahn 1997, S. 54)

Spurweite [mm]	1435
Stromsystem	15 kV, 16,7 Hz (Wechselstrom)
Höchstgeschwindigkeit [km/h]	280
Max. Anfahrzugkraft [kN]	400 (2x 200)
Anzahl der Traktionsmotoren (Anzahl der angetriebenen Achsen)	8
Motorleistung [kW pro Motor]	1200
Traktionsleistung [kW]	9600 (2x 4800)
Leistung der generatorischen Bremse [kW]	8000
Zuglänge [m]	358 (bei 12 Mittelwagen)
Triebkopflänge [mm]	20560
Mittelwagenlänge [mm]	26400
Wagenhöhe [mm]	3840 (Restaurantwagen 4295)
Wagenbreite [mm]	3020
Fahrzeugumgrenzung	UIC 501-1
Anzahl der Sitzplätze	669
Leistung pro Sitzplatz [kW]	14,3
Masse pro Sitzplatz [Mg]	1,17
Leergewicht [Mg]	782
Mindestkurvenradius[42] [m]	150

---

[41] BUND Naturschutz in Bayern e.V..

[42] Dies ist nur ein theoretischer Fahrzeugwert. Die Mindestradiengröße für Hauptbahnen der DB AG beträgt gemäß EBO 300 m.

Trotz anfänglicher Bedenken wegen des doch sehr hohen Betreiberrisikos für ein derartiges neues Zugkonzept mit hoher Kapitalbindung und mit dem Vorstoß in bisher unerreichte Geschwindigkeitsbereiche, entwickelte sich der ICE zu einem erfolgreichen Aushängeschild der Deutschen Bundesbahn. Mit den insgesamt 60 ICE 1-Zügen bewältigte man bald ein Drittel der gesamten Fernverkehrsleistung der DB. Der weitere Fortschritt in der technologischen Entwicklung sowie die mittlerweile gewonnenen Erfahrungswerte mit diesen Zügen der ersten Generation führten bald darauf zur Entscheidung eine, auf dem bewährten Konzept des ICE 1 basierende, weiterentwickelte Version zu bauen.

3.1.1.3 ICE 2

Für diese zweite Generation des ICE wurde erstmalig das sogenannte Halbzugkonzept gewählt. Dabei wird die Anzahl der Mittelwagen halbiert (6, anstatt der meistens 12 Mittelwagen beim Vorgänger ICE 1) und anstatt des zweiten Triebkopfes wird ein nicht angetriebener Steuerwagen angehängt. Bei Bedarf lassen sich zwei solche Halbzüge problemlos und relativ schnell zu einem Langzug (ohne die beiden jetzt überflüssigen Steuerwagen) zusammenkuppeln. Den Ausschlag für die Festlegung auf dieses Konzept gaben die umfangreichen Untersuchungen bezüglich des Verkehrsaufkommens beim ICE 1. Die Erfahrungen zeigten, daß kürzere Zugeinheiten aus wirtschaftlicher Sicht günstiger sind. Sie führen zu besseren Auslastungszahlen und vermindern die Anzahl der zu beschaffenden Züge.

Zusätzlich gab es eine Reihe von Veränderungen zum ICE 1. Ein Hauptaugenmerk der Ingenieure lag bei der Reduzierung des Gesamtgewichtes, um die auftretenden Verschleißerscheinungen zu vermindern und um die Beschleunigungswerte zu verbessern. Durch eine Vielzahl von Maßnahmen gelang es, das Gewicht pro Wagen um ca. 5 Mg zu reduzieren, was sich vor allem auch günstig auf den Energieverbrauch auswirkt. Um die Laufeigenschaften günstiger gestalten zu können, baute man luftgefederte Drehgestelle ein, welche im Stande sind, die vom Fahrweg auf das Fahrzeug wirkenden Vertikalkräfte besser abzufedern. Bedingt durch das Halbzugkonzept war die Entwicklung von schnell zu handhabenden Kupplungen erforderlich, denn die Wagen des ICE 1 konnten bisher nur sehr zeitaufwendig auf Werkstattgleisen ge- bzw. entkuppelt werden.

Das äußere Erscheinungsbild wurde leicht abgeändert, Hauptmerkmal in diesem Zusammenhang ist die geänderte Bugklappe, unter der die automatische Frontkupplung untergebracht ist. Sie wurde vorrangig unter Berücksichtigung aerodynamischer Gesichtspunkte gestaltet. Um den Gesamteindruck des Fahrzeugs homogener erscheinen zu lassen, wurde die Überhöhung beim Restaurantwagen weggelassen.

Die Leistungsfähigkeit pro Triebkopf wurde mit 4800 kW beibehalten, da auch die angestrebte Höchstgeschwindigkeit mit 280 km/h konstant blieb. Daraus resultieren für die flexibel zu gestaltenden Zugkonfigurationen unterschiedliche reale Höchstgeschwindigkeiten. So liegt die rechnerische Maximalgeschwindigkeit eines mit 12 Mittelwagen ausgestatteten Langzuges mit knapp 300 km/h um ca. 7 % höher als die eines Halbzuges (mit natürlich nur einem Triebkopf) mit 5 oder 6 Mittelwagen. Dies führt die Wichtigkeit der aerodynamischen Gestaltung des ersten Wagens bezüglich des Frontwiderstandes bei hohen Geschwindigkeiten vor Augen. Bedingt durch das verringerte Gesamtgewicht verfügt der ICE 2 bei seiner betrieblichen Höchstgeschwindigkeit von 280 km/h noch über einen größeren Zugkraftüberschuß als sein Vorgänger.

Zur Verringerung der Herstellkosten wurde für die gesamten Fahrgastwagen sowie für den Steuerwagen ein Einheitswagenkasten entwickelt, dessen Flexibilität sich auch bei nachträglichen Änderungen als günstig erweist. Für den Wagenkasten wurden Stähle der Festigkeitsklasse St 52-3 verwendet. Für die Maschinen- und Zugführerräume kamen korrosionsfeste Stähle mit der Werkstoffbezeichnung 14301[43] zum Einsatz.. Die Gesamtkonstruktion ist für eine Feuerwiderstandsdauer von 15 Minuten (FW 15) ausgelegt, das heißt, daß die Lauf- und Funktionseigenschaften sowie die statische Standsicherheit des Fahrzeugs bei einem Vollbrand mindestens für die Dauer von 15 Minuten gewährleistet sein müssen, damit im Brandfall ausreichend Zeit vorhanden ist, um den Zug zum Stillstand zu bringen und um den Insassen die Flucht nach draußen zu ermöglichen (jeder Wagen bildet dabei einen eigenen Brandabschnitt).

Die optische Gestaltung der Steuerwagenfront orientierte sich an den auf möglichst wenig Fahrwiderstand ausgelegten Triebkopfwagen. Basierend auf den Einheitswagenkästen der Mittelwagen verfügen die Steuerwagen aufgrund ihrer Hauptaufgabe als Zuganfang bzw. -ende über eine Zusatzausrüstung des führenden Drehgestells. Diese besteht aus einem Bahnräumer (um Hindernisse auf dem Fahrweg aus dem Weg zu räumen), einer Federspeicherbremse, aus Antennen für die Zugsicherungssysteme sowie über Einrichtungen zur Sandstreuung (für mehr Reibung zwischen Rad und Schiene bei schlüpfriger Schienenoberfläche) und zur Spurkranzschmierung (zur Verschleißminderung).[44]

Tabelle 3.2: Technische Daten des ICE 2 (Halbzug) (Quelle: Martinsen, Rahn 1997, S. 117)

Spurweite [mm]	1435
Stromsystem	15 kV, 16,7 Hz (Wechselstrom)
Höchstgeschwindigkeit [km/h]	280
Max. Anfahrzugkraft [kN]	200
Anzahl der Traktionsmotoren (angetriebene Achsen)	4
Motorleistung [kW pro Motor]	1200
Traktionsleistung [kW]	4800
Leistung der generatorischen Bremse [kW]	4000
Zuglänge [m]	205
Triebkopflänge [mm]	20560
Mittelwagenlänge [mm]	26400
Wagenhöhe [mm]	3840 (auch Restaurantwagen)

---

[43] Bezeichnung für sog. nichtrostende Stahlsorten nach DIN 17440 und 17441, die aufgrund ihres hohen Legierungsanteils (Chromanteil > 12 %) eine hohe Korrosionsbeständigkeit aufweisen.

[44] Vgl. Martinsen, Rahn 1997, S. 115 ff.

Wagenbreite [mm]	3020
Fahrzeugumgrenzung	UIC 501-1
Anzahl der Sitzplätze	319
Leistung pro Sitzplatz [kW]	12,3
Masse pro Sitzplatz [Mg]	1,05
Leergewicht [Mg]	410

Seit September 1996 - ein halbes Jahr früher als geplant - sind nun die ICE 2-Züge im Einsatz, anfangs zuerst noch vielfach als Langzüge, da sich die Auslieferung der Steuerwagen etwas verzögerte. Das Halbzugkonzept bewährte sich hervorragend und auch das geringere Gesamtgewicht wirkte sich positiv aus. Der Energieverbrauch konnte gesenkt werden und in den Instandhaltungswerken in Hamburg, München und Berlin werden seitdem deutlich weniger Verschleißerscheinungen festgestellt.

Mit der nunmehr vorhandenen Anzahl an ICE-Zügen gelang es, das Hochgeschwindigkeitsnetz weiter zu verdichten. Aufgrund des langwierigen und kostspieligen Verfahrens zur Realisierung von Neubaustrecken bleibt es unvermeidbar, die schnellen ICEs auch auf Ausbau- bzw. unveränderten Altnetzstrecken einsetzen zu müssen. Dies widerspricht natürlich der hinter dem ICE-Konzept steckenden Entwicklungsphilosophie, da die ICEs ihre wichtigste Eigenschaft, die hohe Geschwindigkeit, auf diesen Strecken nicht demonstrieren können. Somit versuchte man, parallel zum weiteren Neu- bzw. Ausbaus des Schienennetzes den Zug selbst an diese Umstände anzupassen. Folgerichtig geschah dies durch eine Aufsplittung des Fahrzeugangebotes, um eine bessere Anpassung an die jeweiligen Gegebenheiten zu erzielen. Hierbei spielte ein weiterer Umstand eine entscheidende Rolle. Bedingt durch die unterschiedlichen Stromsysteme innerhalb der europäischen Eisenbahnen waren die Einsatzmöglichkeiten der ersten beiden ICE-Generationen, was den grenzüberschreitenden Verkehr anbelangte, stark begrenzt. Vor allem fehlte den ICEs die Kompatibilität hinsichtlich der Stromsysteme der westlichen Nachbarländer Deutschlands, obwohl gerade diese Verbindungen ein sehr hohes grenzübergreifendes Verkehrsaufkommen versprachen.

Tabelle 3.3: Zeitlichen Verlauf der Weiterentwicklung der ICE-Reihe (Quelle: DB AG 2001)

Typenbezeichnung	Datum des Vertragsabschlusses	Baureihe	Stückzahl
ICE 2	Juli 1993	402/8	44
ICE 3	Juli 1994	403 (Einsystem)	37
		406 (Mehrsystem)	13 (+4 für die NS)
ICE T	Dezember 1994	411 (7-teilige Variante)	32
		415 (5-teilige Variante)	11
ICE TD	April 1997	605	20

Wie die obenstehende Tabelle zeigt wurde den besonderen Anforderungen, die das vorhandene nationale und internationale Streckennetz vorgibt, dadurch Rechnung getragen, daß man die Fahrzeugmodelle entsprechend der zur Verfügung stehenden Fahrwege anpaßte. Zur Komplettierung des Angebotes kam als vorläufig letztes Modell der ICE TD (ein dieselelektrischer Neigetechnikzug für nicht elektrifizierte Strecken) dazu.

3.1.2 Fahrzeugdaten und Besonderheiten des ICE 3

Der technische Fortschritt und die zunehmend wichtiger werdenden Anforderungen nach einer internationaleren Ausrichtung der ICE-Fahrzeuge gaben den Anlaß für die Weiterentwicklung der ICE-Modellreihe. Die mit den ICE 1 und ICE 2 gemachten Erfahrungen führten vor allem die Wichtigkeit einer Gewichtseinsparung sowie einer stärkeren Motorisierung vor Augen. Unabhängig davon nahmen die Bestrebungen seitens der EU, eine Harmonisierung des europ. Schnellverkehrs voranzutreiben, weiter zu. Als Folge dieser politischen Einflußnahme verabschiedete die UIC 1997 die sog. „Technischen Spezifikationen für die Interoperabilität". Diese legen die vereinheitlichten Anforderungen an zukünftige europ. Hochgeschwindigkeitszüge fest, um einen gleichmäßig hohen Standard innerhalb der EU zu erreichen und eine grenzüberschreitende Einsatzfähigkeit der Züge zu gewährleisten. Für die Konstrukteure des ICE 3 ergaben sich dadurch u. a. folgende Vorgaben aus diesem Anforderungskatalog[45]:

- Triebzug oder vergleichbare Zugkonfiguration
- Maximale Gesamtlänge von 400 m
- Europäisches Fahrzeugprofil gemäß UIC 505 und Sondervereinbarung der DB AG und der SNCF
- Einsatzfähigkeit unter allen vier gängigen europ. Stromsystemen
- Statische Radsatzlast von max. 17 Mg
- Betriebliche Höchstgeschwindigkeit von mindestens 300 km/h

Diese Anforderungen gaben den Ausschlag dafür, sich vom bisher bewährten[46] Triebkopfkonzept zu verabschieden und sich für das Triebwagenkonzept, bei dem sämtliche Antriebseinrichtungen unterflur angeordnet sind, zu entscheiden (das erfolgreiche Halbzugkonzept des ICE 2 wurde übernommen). Zwar zeigten die jüngsten TGV-Generationen, daß sich diese Vorgaben auch mit einem Triebkopfzug erfüllen lassen, jedoch nur unter der Inkaufnahme, daß ein Großteil der Fahrzeuglänge von den Triebwagen in Anspruch genommen wird und damit nicht als Fahrgastraum zur Verfügung steht. Somit entschied man sich auch aufgrund zahlreicher anderer Vorzüge für das Triebwagenkonzept und verschaffte dem ICE mit dieser weitsichtigen Entscheidung einen Qualitätssprung nach vorn, auch hinsichtlich des Konkurrenzkampfes um Exportanteile mit dem französischen Nachbarzug TGV. Nach umfangreichen Testuntersuchungen kristallisierte sich die Variante, bei der jeder 2. Wagen angetrieben wird, als bestmöglichste Lösung heraus.

---

[45] Quelle: UIC 2001.

[46] Die Zugeinheiten der beiden ersten ICE-Generationen erreichten Laufleistungen von 530 000 km pro Jahr, was für ein sehr hohes Maß an Zuverlässigkeit spricht!

Die Triebwagenzuglösung weist einige Vorteile gegenüber dem Triebkopfkonzept auf. Dadurch, daß die Traktions- und Bremseinrichtungen im Unterflurbereich angeordnet sind, erhöht sich das Platzangebot für die Fahrgäste bei gleicher Zuglänge um ca. 20 %. Aus demselben Grund ergeben sich geringere Kosten für etwaige Lärmschutzmaßnahmen, da die Emissionsquellen der Motorengeräusche weiter unten liegen. In der Folge brauchen die Lärmschutzwände nicht ganz so hoch errichtet werden, um die gleiche Schallpegelminderung zu erzielen, wie das bei Triebkopfzügen der Fall wäre. Durch die gestiegene Anzahl der Traktionseinrichtungen erhöhen sich die Haftwertausnutzung und auch der Anteil an generatorischen Bremsen, was sich positiv auf die Energiebilanz des Zuges auswirkt. Die gleichmäßigere Gewichtsverteilung vermindert die grundsätzlich sehr hohen Fahrwegbeanspruchungen beim Hochgeschwindigkeitsverkehr.

Außer dem umgestellten Zugkonzept gibt es beim ICE 3 noch zahlreiche weitere Verbesserungen gegenüber seinen Vorgängern. Die Aerodynamik und das Design des Zuges wurden optimiert. Erstmals (weltweit) wird dieser Zug mit einer völlig chemiefreien, luftgestützten Klimaanlage ausgestattet. Die erstmalig zum (Regelbetriebs-)Einsatz kommende lineare Wirbelstrombremse erhöht die Qualität der Bremsausrüstung und die leichteren, laufstabilen Drehgestelle vermindern die Verschleißerscheinungen und verbessern die Laufeigenschaften. Tabelle 3.4 zeigt beispielhaft einige Verbesserungen, die den Ingenieuren mit dem ICE 3 im Vergleich zur ersten ICE-Generation gelungen sind.

Tabelle 3.4: Gelungene Verbesserungen des ICE 3 im Vergleich zu seinem Vorgänger ICE 1 (Quelle: Siemens AG 2001)

Entwicklungsziele des ICE 3	Prozentuale Verbesserungen bezogen auf den ICE 1
Kosteneinsparungen pro Sitzplatz	30 %
Verringerung der Energiekosten	25 %
Erhöhung der Höchstgeschwindigkeit	20 %
Reduzierung der Radsatzlast	30 %

Die Neubaustrecke Köln-Rhein/Main, die hinsichtlich des Verkehrsaufkommens zu den wichtigsten Verbindungen innerhalb Deutschlands (und auch Europas) zählt, verfügt aufgrund der hügeligen topographischen Gegebenheiten über Steigungen von bis zu 4 %. Für diese erhöhten Anforderungen wurde die Traktions- (und auch die Brems-) Leistung des ICE 3 erhöht, so daß er auch im Gegensatz zu seinen Vorgängern in der Lage ist, bei Ausfall einer Traktionseinheit aus dem Stand auf einer solchen Maximalsteigung anfahren zu können. Die zulässige Höchstgeschwindigkeit des ICE 3 beträgt nun 330 km/h. Abzüglich der notwendigen Reserven ergibt sich daraus eine planmäßige Betriebshöchstgeschwindigkeit von 300 km/h.

Die Forderung nach interoperablen Zügen bedingte nicht nur die Veränderungen hinsichtlich der Anpassung an die Stromsysteme. Für den grenzüberschreitenden Verkehr mußten die Züge auch für die unterschiedlichen Zugsicherungssysteme kompatibel ausgerüstet werden. Um auch dem französischen Lichtraumprofil entsprechen zu können, ist der ICE 3 um 70 mm schmäler als seine Vorgänger. Da die Interoperabilität nicht für die gesamten ICE 3-Zugeinheiten erforderlich war, lieferte die Arbeitsgemeinschaft ICE, bestehend aus Siemens und der Daimler-Benz-Tochter

ADtranz[47], nur einen Teil der 54 Züge der ersten Lieferserie in Mehrsystemausführung aus. So wurden 13 ICE 3 mit Mehrsystemausführung an die DB AG geliefert und 4 an die NS. Die restlichen 37 Züge für die DB AG sind nur mit Einsystemausführung ausgestattet, da sie auch nur für den Einsatz auf den Strecken innerhalb Deutschlands, vorrangig auf der Neubaustrecke Frankfurt-Köln, vorgesehen sind.[48]

Tabelle 3.5: Fahrzeugdaten der aktuellen Versionen des ICE 3 (Quelle: Siemens AG 2001)

Technische Daten	Einsystem	Mehrsystem	
Stromsystem	15 kV / 16 $^2/_3$ Hz (Wechselspannung)	15 kV / 16 $^2/_3$ Hz	Wechselspannung
		25 kV / 50 Hz	
		1,5 kV	Gleichspannung
		3,0 kV	
Zuglänge (8-teilig) [m]	200	200	
Spurweite [mm]	1435	1435	
Wagenbreite [mm]	2950	2950	
Wagenhöhe [mm]	3890	3890	
Radsatzlast [Mg]	kleiner 17	kleiner 17	
Leergewicht [Mg]	409	435	
Höchstgeschwindigkeit [km/h]	330	330 (220 unter Gleichspannung)	
Max. Anfahrzugkraft [kN]	300	300	
Traktionsleistung [kW]	8000	8000 (4300 unter Gleichspannung)	
Bremssysteme	Lineare Wirbelstrombremse, generatorische Bremse, pneumatische Bremse mit Stahlbremsscheiben	Lineare Wirbelstrombremse, generatorische Bremse, pneumatische Bremse mit Stahlbremsscheiben	
Sitzplätze	415	404	

3.1.3 Elektrische und dieselelektrische Triebzüge der ICE-Familie mit Neigetechnik

3.1.3.1 Entwicklungsmotivation

Ein Zug ist immer nur so schnell, wie es der ihm zur Verfügung stehende Fahrweg zuläßt. Das Altnetz in der BRD ist für den Hochgeschwindigkeitsverkehr wegen seiner Trassierung nur be-

---

[47] Die ehemalige Daimler-Chrysler-Tochter Adtranz gehört seit 2000 zum kanadischen Bombardierkonzern, der auch am Bau des ICE 3 beteiligt ist (vgl. Mechtersheimer 2003, S.105).

[48] Vgl. Martinsen, Rahn 1997, S. 147.

dingt geeignet. Die vielfach durch die topographischen Begebenheiten erforderlichen engen Radien zwingen die schnellen Züge dazu, ihre Geschwindigkeit in den Kurven erheblich zu drosseln. Die Hochgeschwindigkeitszüge ICE 1 und ICE 2 wurden in erster Linie für den Einsatz auf Neubaustrecken (NBS) entwickelt. Die Errichtung solcher, an die Bedürfnisse des ICE angepaßten Neubaustrecken, ist sehr kostenintensiv und zeitaufwendig. Gleiches gilt für den Ausbau des Altnetzes mit Trassenbegradigungen, um die Strecken mit höheren Geschwindigkeiten durchfahren zu können. Daher entschied man sich, um das bestehende Netz besser ausnützen zu können, Züge zu entwickeln, die auch auf Strecken mit engen Kurvenradien in der Lage sind, relativ hohe Geschwindigkeiten zu fahren. Dies führte zur Entwicklung der auf *ICE-Standard* ausgerichteten Neigetechnikzüge ICE T und ICE TD, wobei letzterer mit seinem Dieselantriebssystem auf nicht elektrifizierten Strecken zum Einsatz kommt.[49]

3.1.3.2 Neigetechnik

Die bei der Fahrt durch Gleisbögen entstehende Fliehkraft hat nicht nur eine negative Auswirkung auf den Fahrkomfort der Reisenden, sie führt vor allem auch dazu, daß aus Gründen der Entgleisungssicherheit (und indirekt zur Begrenzung der Schienenabnutzung), nur geringere Geschwindigkeiten gefahren werden dürfen als in der Geraden. Je enger der Kurvenradius ist, desto größer wird diese nach außen wirkende Zentrifugalkraft. Zur Verminderung dieser Erscheinung werden die Gleise in den Bögen überhöht eingebaut, das heißt, die bogenäußere Schiene liegt höher als die Bogeninnere. Bei Fahrwegen mit Schotteroberbau beträgt dieses Überhöhungsmaß maximal 170 mm, bei der sog. Festen Fahrbahn 180 mm. Letztgenannte Oberbauform wird zunehmend bei Neubaustrecken angewendet (vgl. Kap. 4.1).

Zusätzlich zu dieser fahrwegseitigen Reduzierung der Fliehkräfte existieren verschiedene gleisbogenabhängige Wagenkastensteuerungssysteme, welche durch eine Neigung des Wagenkastens zur Innenseite des Gleisbogens hin, eine teilweise bzw. vollständige Kompensation der Zentrifugalbeschleunigung bewirken. Diese Technologie geht auf den deutschen Ingenieur KRUCKENBERG[50] zurück, der bereits 1928 Züge mit passivem Neigesystem entwickelte.

Für die Züge ICE T wird ein aktives Neigetechnik-System von Fiat verwendet, für die ICE TD eines von Siemens. Dabei werden die Wagenkästen bei Kurvenfahrt durch hydraulische Zylinder (beim ICE TD durch elektromechanische Stelleinrichtungen), in Abhängigkeit von der Seitenbeschleunigung geneigt, ohne dabei die Sekundärfederung nachteilig zu beeinflussen. Über Sensoren, die beim Einfahren in den Bogen die Überhöhung messen, erfolgt die Neigungssteuerung der freischwingend an Pendellenkern hängenden Wagenkästen. Der maximale Neigungswinkel beträgt 8°. Dies entspricht einer Fahrt mit einer unausgeglichenen Seitenbeschleunigung von 2,0 m/s². Um die Fliehkräfte bei erhöhter Geschwindigkeit nicht unnötig anwachsen zu lassen, sind Neigetechnikzüge grundsätzlich in Leichtbauweise ausgeführt.

---

[49] Vgl. Kienberger 2000, S. 85-89.

[50] Franz Kruckenberg (1882-1965). Bekannt wurde er vor allem durch seine Konstruktion eines Schienenzeppelins mit Propellerantrieb.

Mit Hilfe dieses Systems zur gleisbogenabhängigen Wagenkastensteuerung lassen sich um bis zu 30 % höhere Kurvengeschwindigkeiten erzielen, verbunden mit Fahrzeitverkürzungen von ca. 20%. Der Hauptvorteil dieser Neigetechnologie besteht weniger darin, daß die Züge in den Kurven selbst schneller fahren können, sondern daß die erforderliche Intensität der Brems- und Beschleunigungsvorgänge zur Geschwindigkeitsreduzierung in den Kurven verringert wird und damit teilweise erhebliche Energieeinsparungen und ein verringerter Verschleiß die Folgen sind.[51]

Zusätzlich zu den für die Neigetechnik erforderlichen Einrichtungen am Fahrzeug bedarf es beim ICE T einer Anpassung der Stromabnehmer an die Bewegungen des Wagenkastens, um einen reibungslosen Betrieb der Triebzüge beim bogenschnellen Fahren zu erreichen. Für diesen Zweck wurde eigens ein Stromabnehmer-Nachführsystem entwickelt, welches gewährleisten soll, daß der Kontakt zwischen Stromabnehmer und dem Fahrdraht jederzeit sichergestellt ist. Dazu wird beim Neigevorgang der Stromabnehmer mit Hilfe einer Kinematik zur Gleismitte hin verschoben.

Die Wirtschaftlichkeit dieser Technologie erhöht sich dadurch, daß der Aufwand für erforderliche Baumaßnahmen an der Strecke minimiert werden kann. Ebenso sind schnellere Zugfolgezeiten möglich. Allerdings sind solche Neigetechnikzüge nicht auf allen beliebigen Bestandsstrecken einsetzbar. Aufgrund des Ruckkriteriums[52] können sie nur auf Strecken mit ausgeglichener Radienfolge verkehren, ansonsten würden sie mit ihren höheren Geschwindigkeiten diese Komfortgrenze überschreiten.[53]

Der ICE T befindet sich seit Mai 1998 (Strecke Stuttgart-Zürich), der ICE TD seit April 2001 (Strecke Nürnberg-Dresden) im fahrplanmäßigen Betriebseinsatz. Anfangs gab es mit diesen beiden Zugtypen erhebliche technische Probleme unterschiedlichster Art, so daß die DB AG schon Erwägungen anstellte, zukünftig einen anderen Zugtyp (z. B. den ebenfalls von Siemens entwickelten „Venturio") für kurvenreiche Schnellfahrstrecken anzuschaffen. Vorerst werden aber noch die beiden ICE-Neigetechnikzüge präferiert.[54]

3.1.3.3 ICE T

Dieser Zug wurde von einem Firmenkonsortium (genannt IC NeiTech) bestehend aus den Firmen DWA, Duewag, Fiat (daher auch die konstruktive Ähnlichkeit mit dem seit 1995 in Italien eingesetztem BR 460) und Siemens für den elektrischen Fernverkehr entwickelt. Er ist konzipiert für den Einsatz auf Strecken die keine oder nur geringfügige Ausbauten zulassen. Das Hauptmerkmal des ICE T ist seine Ausstattung mit einem (aktiven) System zur gleisbogenabhängigen Wagenkastensteuerung.

---

[51] Vgl. Siemens AG 2001 u. Langner, Weigelt 1998, S. 710.

[52] Als Ruck bezeichnet man im Bahnwesen die Änderung der geschwindigkeitsabhängigen Querbeschleunigung pro Zeiteinheit. Sie darf bestimmte Sicherheitsgrenzen bei aufeinanderfolgenden Trassierungselementen (z. B. Gerade-Kreisbogen) nicht überschreiten.

[53] Vgl. Schiemann 2002, S. 40, 143, 146f.

[54] Vgl. Bahntech 4/2002, S. 17f.

Die sonstige technische Ausrüstung orientiert sich weitgehend an dem Standard des ICE 3. Das äußere Erscheinungsbild entspricht ebenfalls dem Flaggschiff der DB AG. Die einzelnen Wagen sind nicht nur untereinander kuppelbar, sondern auch mit denen des ICE 3.[55]

Tabelle 3.6: Technische Daten des ICE T (Quelle: Konsortium IC NeiTech)

Technische Daten	Baureihe 411 7-teilige Variante	Baureihe 415 5-teilige Variante
Zuglänge [m]	185	133,5
Spurweite [mm]	1435	1435
Wagenbreite [mm]	2850 (UIC 505-1)	2850 (UIC 505-1)
Stromsystem	15 kV / 16 $^2/_3$ Hz (Wechselspannung)	15 kV / 16 $^2/_3$ Hz (Wechselspannung)
Leistungsfaktor	nahe 1, geregelt	nahe 1, geregelt
Leergewicht [Mg]	366	273
Besetztgewicht [Mg]	400	295
Sitzplätze	357	250
Traktionsleistung [kW]	4000	3000
Höchstgeschwindigkeit [km/h]	230[56]	230
Max. Anfahrzugkraft [kN]	200	150
Neigesystem	hydraulisch (Fiat)	hydraulisch (Fiat)

3.1.3.4 ICE TD

56,3 %[57] des Streckennetzes der DB AG in Deutschland sind nicht elektrifiziert. Diese Strecken konnten bisher von den ICE-Hochgeschwindigkeitszügen nicht befahren werden. Für diese Zwecke baute ein Firmenkonsortium bestehend aus DWA, Duewag und Siemens den ICE TD, einen Neigetechniktriebzug mit Dieselantrieb.

Abgesehen von den systembedingten Unterschieden (Einsatz eines Dieselmotors) unterscheidet sich der ICE TD nur hinsichtlich der Art des Neigesystems vom ICE T. Dieses stammt von der Entwicklungsabteilung der Siemens Verkehrstechnik (Konzeptname: „Komfortzug") und arbeitet auf elektromechanischem Wege. Hauptkomponente dieser Technologie ist das Neigedrehgestell,

---

[55] Vgl. Konsortium IC NeiTech.

[56] Derzeit nutzen die Züge im deutschen Streckennetz die Neigetechnik zur kurvenschnellen Fahrt nur bis 160 km/h. Der Grund dafür sind die Sprungkosten für die Signaltechnik, die bei noch höheren Geschwindigkeiten entstehen würden.

[57] Trotzdem werden ca. 85 % der Betriebsleistungen mit elektrischer Traktion erbracht (Quelle: DB AG, Stand 1996).

in welchem neben den Antrieben für die aktive Querzentrierung (und damit die Neigung) auch die Fahrmotoren integriert sind[58].

Tabelle 3.7: Technische Daten des ICE TD (Quelle: Konsortium ICT-VT)

Spurweite [mm]	1435
Zuglänge [m]	106,7
Wagenbreite [mm]	2850 (UIC 505-1)
Wagenhöhe [mm]	3910
Antriebsleistung [kW]	1700
Anfahrzugkraft [kN]	160
Höchstgeschwindigkeit [km/h]	200
Tankinhalt [l]	4000
Reichweite [km]	2000
Kraftstoffverbrauch [l/km]	2 (Diesel)
Radsatzlast [Mg]	kleiner 14,5
Besetztgewicht [Mg]	232
Sitzplätze	195
Neigesystem	elektromechanisch (Siemens)
Kleinster befahrbarer Gleisbogenhalbmesser [m]	150

3.1.4 Zugkonfigurationen

Das Zugkonzept der ICE-Familie erlaubt durch den modularen Aufbau flexible Konfigurationen. Dadurch lassen sich, je nach Fahrgastaufkommen, unterschiedlich lange Zugeinheiten bilden. Die verschiedenen Basiseinheiten können allerdings nicht beliebig miteinander kombiniert werden. Daher besteht diese Möglichkeit der Anpassung an die gegebenen Verhältnisse nur eingeschränkt.

Der ICE 3 als Halbzug ist von der Mittelachse ausgehend symmetrisch konfiguriert. In der Regel besteht er aus acht Teilen. Vier unterschiedliche Wageneinheiten stehen als Basiseinheiten zur Verfügung. Diese werden dabei zu zwei gleichen Hälften zusammengesetzt. Die Reihenfolge der Wagen des „halben Halbzuges" gliedert sich demnach in:

- Endwagen (BR 403.0)
- Transformatorwagen (BR 403.1)
- Stromrichterwagen (BR 403.2)
- Mittelwagen (BR 403.3)

---

[58] Vgl. Konsortium ICT-VT.

Diese Benennung entspricht nicht exakt den wirklichen Verhältnissen, da auch im Endwagen Stromrichter untergebracht sind. Die angetriebenen Radsätze befinden sich dabei jeweils nur unter den End- und Stromrichterwagen. Dafür sind unter den Transformator- und Mittelwagen die Wirbelstrombremsmagnete in deren Drehgestellen untergebracht.

Für den ICE T existieren drei Basismodule (Endwagen (= Trafowagen), Stromrichterwagen, Fahrmotorwagen), welche in der siebenteiligen Regelkonfiguration (BR 411) doppelt vorkommen. Zusätzlich gibt es noch einen Mittelwagen, der nicht als Basismodul dazugezählt wird. Die andere Variante des ICE T stellt der fünfteilige Triebzug (BR 415) dar. Er setzt sich aus jeweils zwei End- und Stromrichterwagen sowie aus einem Fahrmotorwagen zusammen

Der ICE TD (BR 605) besteht in der Regel aus vier Wagen, die jeweils mit einem unterflur angeordneten Dieselgeneratorsatz ausgestattet sind. Davon bilden zwei Wagen elektrisch eine Einheit (Kopf- und Mittelwagen). Auch hier läßt sich ggf. die Zugkonfiguration flexibel gestalten. Etwaige Mittelwagen (angetrieben oder antriebslos) werden zwischen den Einheiten angeordnet.

3.2 Transrapid

Grundsätzlich sind die Fahrzeugeigenschaften beim System Transrapid weniger bedeutsam als bei dem auf dem Rad/Schiene-System basierenden Hochgeschwindigkeitszug ICE. Der Grund dafür liegt in der Anordnung der technischen Ausrüstung, vornehmlich der Traktions- und Bremseinrichtungen. Sie befinden sich bei der deutschen Magnetschnellbahn überwiegend im Fahrweg und nicht im Fahrzeug. Dies hat zur Folge, daß die Fahrzeuggestaltung flexibler erfolgen kann. Die einzige Vorgabe für die Designer des Transrapid rührt aus den Fahrwegabmessungen her. Auf diese ist der Unterbau des Wagenkastens mit den fahrwegumgreifenden Magnetträgern abzustimmen und auszurichten. Da auch die Gestalt des Fahrweges keinen Zwängen unterliegt, können sowohl Fahrzeug als auch Fahrweg, ausgerichtet auf die optimale Kombination der beiden, konstruiert werden. Durch die Neuartigkeit des Verkehrssystems braucht er nicht an etwaige Standardmaße, wie dies beim Rad/Schiene-System mit der Spurweite der Fall ist, angepaßt zu werden. Dies gilt nicht nur für die freie Strecke, sondern beinhaltet auch die Gestaltung der Bahnanlagen (sofern keine Eingliederung in bestehende Eisenbahnstationen erfolgt) und – davon abhängig – der Anordnung der Türen.

Das wichtigste Merkmal bei der Fahrzeugkonstruktion des Transrapid ist die Aerodynamik des Zuges. Durch die berührungsfreie Technik fallen beim Transrapid Fahrwiderstände wie Roll- oder Lagerreibung weg. Von den Fahrwiderständen spielen die *gewichtsabhängigen* Neigungs- und Krümmungswiderstände zusammen mit dem *geschwindigkeitsabhängigen* Luftwiderstand die wichtigste Rolle. In den hohen Geschwindigkeitsbereichen, die der Transrapid erreicht, verlieren die beiden Streckenwiderstände an Bedeutung, signifikant wird hier der Luftwiderstand. Dieser wächst quadratisch mit zunehmender Geschwindigkeit. Daher ist die günstige aerodynamische Gestaltung des Fahrzeuges beim Transrapid besonders wichtig, zumal er Geschwindigkeiten erreicht, die Rad/Schiene-Fahrzeugen (im Alltagsbetrieb) verwehrt bleiben. Nicht nur die Gestaltung der Frontpartie (Bug) ist dabei wichtig, sondern auch die unter aerodynamischen (und aeroakustischen) Gesichtspunkten optimale Konstruktion der Gesamtoberfläche des Fahrzeugs und die Heckausbildung.

3.2.1 Entwicklungsstufen

Der „Erfinder" der Magnetbahntechnologie Hermann KEMPER leitete mit seiner Kontaktaufnahme zu Ludwig BÖLKOW (Bölkow KG, später Messerschmitt-Bölkow-Blohm (MBB)) im Jahre 1965 die industrielle Forschungs- und Entwicklungstätigkeit auf dem Gebiet der Magnetfahrtechnik in Deutschland ein.

Der Firma Krauss-Maffei gelang es zuerst ein Modell eines funktionsfähigen, berührungsfrei fahrenden Elektromagnetfahrzeug, dessen Trag- und Führsystem auf dem Prinzip von Hermann KEMPER basierte und durch einen Kurzstator-Linearmotor angetrieben wurde, herzustellen. Dieses Versuchsfahrzeug erhielt später den Namen Transrapid 1 (TR 01). Zwei Jahre später stellte MBB erstmals ein *personentragendes* Prinzipfahrzeug auf einer 660 m langen Teststrecke vor. Es verfügte ebenfalls über ein elektromagnetisches Trag- und Führsystem. Der Luftspalt zwischen Fahrzeug und Fahrweg betrug dabei 10 mm. Angetrieben durch einen asynchronen Kurzstator-Linearmotor erreichte es bei einem Gesamtgewicht von 5,8 Mg eine Geschwindigkeit von 90 km/h.

Die Inbetriebnahme des noch unbemannten Transrapid 2 erfolgte noch im gleichen Jahr durch Krauss-Maffei. Ihm stand bereits ein Fahrweg mit einer Länge von fast einem Kilometer zur Verfügung, so daß er mit seinem elektromagnetischen Trag- und Führsystem bereits eine Geschwindigkeit von über 160 km/h erreichte.

Dieselbe Firma nahm ein Jahr später die Versuchsfahrten auf der Strecke des TR 02 mit dem Prototypen Transrapid 3 auf. Hierbei untersuchte man die alternative Luftkissenfahrzeugtechnik, die damals zeitgleich auch in zahlreichen anderen Ländern (z. B. USA, Brasilien, Japan[59]) erforscht wurde.

Bei der nächsten Transrapidgeneration griff man wieder auf das elektromagnetische Trag- und Führsystem zurück. Inzwischen ließ der erreichte technische Fortschritt bereits Geschwindigkeiten um die 250 km/h zu. Dieser 1973 gebaute Transrapid 04 wies bereits äußerliche Ähnlichkeiten mit den heutigen Fahrzeugen auf.

Bei allen diesen genannten Versuchsfahrzeugen ist zu beachten, daß sie allesamt erst einmal zur Überprüfung der Machbarkeit und Funktionalität des noch in den Kinderschuhen steckenden Magnetfahrprinzips dienten. Sie sind hinsichtlich ihres noch als 'primitiv' zu bezeichnenden Aufbaus und ihrer geringen Komplexität nicht mit dem ICE/V vergleichbar, der, vollgestopft mit Technik, in sich bereits den Wissensstand aus über hundert Jahren Eisenbahntechnologie barg und bereits sehr anwendungsnah konstruiert wurde.

---

[59] Die im gleichen Zeitraum getesteten französischen Aerotrains (01 und 02) wurden durch Luftschrauben bzw. Gasturbinen angetrieben.

Tabelle 3.8: Technische Daten der ersten Transrapidgenerationen (Quelle: Heinrich, Kretschmar 1989, S. 111)

Technische Daten	TR 02	TR 03	TR 04
Erstmalige Inbetriebnahme	1971	1973	1973
Trag- und Führsystem	Elektromagnetisch (EMS)	Luftkissenfahrzeug	Elektromagnetisch (EMS)
Antriebssystem	Kurzstator-Linearmotor	Kurzstator-Linearmotor	Kurzstator-Linearmotor
Luftspalt [mm]	15	3	12
Höchstgeschwindigkeit [km/h]	164	140	253,2
Fahrzeuggewicht [Mg]	5,8	10,7	18,5
Fahrweglänge [m]	930	930	2400
Anzahl der Sitzplätze	8	4	20

Ein großer Entwicklungssprung gelang den Ingenieuren allerdings erst 1979 mit der Präsentation des weltweit ersten für den Personenverkehr zugelassenen Magnetfahrzeugs, des Transrapid 05 auf der Internationalen Verkehrsausstellung in Hamburg. Sechs Monate dauerte damals der Betriebseinsatz. Mit einer Höchstgeschwindigkeit von 75 km/h beförderte der Transrapid auf einer 908 m langen Strecke insgesamt 50000 Personen. Dieser Erfolg war das Ergebnis einer seit dem Jahre 1974 erfolgten Zusammenarbeit der Firmen MBB und Krauss-Maffei, die ihre gesammelten Kenntnisse damit bündelten.

Parallel dazu begann die Firma Thyssen-Henschel ihre Forschungsarbeiten auf dem Gebiet der Langstatormagnetfahrtechnik mit Unterstützung der TU Braunschweig. Die Versuchsergebnisse der Testfahrzeuge HMB 1 und 2 legten den Konstrukteuren des Transrapid die Übernahme dieser Antriebstechnologie[60] nahe, die seitdem für alle nachfolgenden Generationen beibehalten wurde.

Tabelle 3.9: Technische Daten des TR 05 (Quelle: MVP 2001)

Höchstgeschwindigkeit [km/h]	75
Antriebssystem	Synchroner, eisenbehafteter Langstator-Linearmotor
Trag- und Führsystem	Elektromagnetisch (EMS)
Luftspalt [mm]	10
Gesamtlänge [m]	26
Gewicht [Mg]	30,8
Fahrweglänge [m]	908
Anzahl der Sitzplätze	68

Mittlerweile hatte der Stand der deutschen Magnetbahnforschung weltweit die Spitzenposition erreicht, wenngleich auch andere Länder damals mit Forschungserfolgen aufwarten konnten (z. B.

---

[60] Seit 1978 arbeiten die Firmen Thyssen-Henschel, MBB, Krauss-Maffei u. a. innerhalb des Konsortiums Magnetbahn Transrapid zusammen.

erreichten nordamerikanische Prototypen, die eigens für solche Rekordfahrten und nicht für den alltäglichen Betriebseinsatz konstruiert waren, zu dieser Zeit bereits Geschwindigkeitsbereiche über 400 km/h. Nach dem gelungenen ersten Betriebseinsatz in Hamburg wurde die Weiterentwicklung forciert in Angriff genommen. Bereits ein Jahr später erfolgte der Baubeginn des Transrapid 6 sowie einer Großversuchsanlage für den einsatznahen Testbetrieb, der Transrapid Versuchsanlage im Emsland (TVE). 1983, als der erste Abschnitt der TVE fertiggestellt war, begannen die Versuchsfahrten mit dem TR 06. Auf dieser sehr großzügig angelegten Teststrecke erzielte er schon bald neue Geschwindigkeitsrekorde. Dabei überbot er sogar seine Auslegungsgeschwindigkeit von 400 km/h.

Auf die Fertigstellung des zweiten Bauabschnitts der TVE (Gesamtlänge nun: 31,5 km) folgte die Inbetriebnahme des bei Thyssen Industrie AG Henschel hergestellten Prototypen Transrapid 7, welcher bereits auf eine Geschwindigkeit von 500 km/h ausgelegt war. Die Testfahrten mit dem TR 06 wurden deswegen aber nicht eingestellt, sondern weiter fortgeführt. Seine leistungs- und regelungstechnischen Trag-/Führsystemkomponenten wurden auf die Modifizierungen von Thyssen-Henschel umgerüstet.

Im Jahre 1999 wurde die aktuelle Generation, das Vorserienfahrzeug Transrapid 08 auf der TVE erstmals in Betrieb genommen. In diesem Fahrzeug steckt bereits die Technik, welche auf der ersten Anwendungsstrecke Berlin-Hamburg zum Einsatz kommen sollte. Tabelle 3.10 zeigt eine Gegenüberstellung der drei Versuchsfahrzeuge, welche bisher schon auf der TVE mehrere hunderttausend Testkilometer absolvierten[61].

Tabelle 3.10: Vergleich der drei jüngsten Transrapid-Fahrzeuggenerationen (Quelle: MVP 2001)

Technische Daten	TR 06	TR 07	TR 08
Jahr der Inbetriebnahme	1983	1988	1999
Anzahl der Fahrzeugsektionen	2	2	3
Betriebsgeschwindigkeit [km/h]	400	500	500
Gefahrene Höchstgeschwindigkeit [km/h]	412	450	406 (bis Ende 1999)
Fahrzeuglänge [m]	54,2	54,0	79,0
Fahrzeugbreite [m]	3,7	3,7	3,7
Fahrzeughöhe [m]	4,2	4,06	4,2
Gesamtgewicht (Mg)	125	113	200
Anzahl der Sitzplätze	60	48	190

---

[61] Vgl. MVP 2001, TRI 2001 u. Heinrich, Kretschmar 1989, S.111f.

3.2.2 Fahrzeugdaten und Eigenschaften des TR 08

Die aktuelle Version des Transrapidfahrzeuges, der TR 08, wurde bei der Thyssen Transrapid System GmbH hergestellt. Die Wagenkästen wurden (bisher[62]) von der Firma ADtranz geliefert. Konzipiert wurde der TR 08 eigentlich als Vorserienfahrzeug, welches später einmal auf der Strecke Berlin-Hamburg zum Einsatz kommen sollte. Daher richtet sich auch sein äußeres Erscheinungsbild nach den Vorgaben der DB AG (inklusive Logo), da diese als Betreiber der ersten deutschen Anwendungsstrecke fungieren sollte. Gegenüber seinem Vorgänger zeichnet sich der TR 08 durch einen vergrößerten Nutzraum, eine bessere Aerodynamik und –Akustik sowie durch ein geringeres Gesamtgewicht aus. Dadurch konnte der Energieverbrauch weiter gesenkt werden.

Grundsätzlich erfolgten die Gestaltung und Konstruktion des Transrapidfahrzeuges nach folgenden Kriterien:

- Sicherheit
- Komfort
- Wirtschaftlichkeit
- Umweltverträglichkeit

Darüber hinaus versuchten die Ingenieure, die sich für die technische Ausstattung des Transrapid verantwortlich zeigten, eine möglichst autonome Fahrzeugfunktion zu erreichen, d. h. ein Höchstmaß an Unabhängigkeit gegenüber äußeren Einflüssen insbesondere den unterschiedlichen Umweltbedingungen, aber auch gegenüber Ungenauigkeiten in der Herstellung und/oder Montage aller Bauteile, die hinsichtlich der Fahrzeug/Fahrweg-Dynamik Relevanz besitzen. So sind alle wichtigen Fahrzeugsysteme redundant ausgeführt. Es wurde darauf Wert gelegt, daß die Funktionsfähigkeit auch bei Verlegungenauigkeiten und bei fehlerhafter Oberflächenbeschaffenheit der Fahrwegkomponenten gewährleistet ist. Das ganze System ist so konstruiert, daß es möglichst unempfindlich gegenüber den zu erwartenden klimatischen Einflüssen (starke Seitenwinde, große Temperaturschwankungen) ist. Der Luftspalt zwischen den Magneten und den Reaktionsschienen ist deshalb auch bei Abweichungen um bis zu 50% vom Nennmaß ausreichend und toleriert somit große Schwankungen der Oberflächenbeschaffenheit bzw. von Witterungseinflüssen. Jegliche Baukomponenten sind möglichst belastungsfähig ausgebildet, so daß zum Beispiel temperaturbedingte Längenänderungen der einzelnen Bauteile von bis zu 10 cm möglich sind, ohne daß es zu funktionsbeeinträchtigenden Verformungen kommt. Das Konzept der autonomen Funktionsweise wird besonders auch durch die fahrzeugseitig eingebaute Zusatzbremse, einer nahezu verschleißfreien, haftwertunabhängigen Wirbelstrombremse verdeutlicht, welche für den Fall, daß das Antriebs- und damit das Bremssystem ausfällt, in der Lage ist, das Fahrzeug ausreichend zu verzögern.

---

[62] ADtranz (eigentlich Bombardier Transportation GmbH, siehe Fußnote 47) hat vor kurzem den Ausstieg aus dem Transrapidkonsortium verkündet. Somit besteht dieses nur noch aus Thyssen und Siemens.

Die äußere Formgebung orientiert sich, wie bereits erwähnt, vornehmlich an aerodynamischen Gesichtspunkten. Umfangreiche Windkanaltests halfen eine optimale Bugform herauszuarbeiten. Wegen der Problemfälle 'Zugbegegnungen' und 'Tunneleinfahrten' sind die Wagenkästen des Transrapid druckdicht ausgeführt. Dadurch können in solchen Fällen Beeinträchtigungen des Fahrkomforts verhindert werden.

Das Magnetfahrwerk und der Wagenkasten bilden eine Fahrzeugsektion. Der Schweberahmen des Fahrzeugs umgreift den Fahrweg. An ihm sind beidseitig die Längsflußmagnete montiert, deren Aufgabe es ist, den aktiven Motorteil, bestehend aus Statorpaket und Dreiphasenkabelwicklung, zu erregen. An der Wagenkastenunterseite sind Tragkufen angeordnet, auf denen das Fahrzeug in Notfällen (z. B. Stromausfall) abgesetzt und dadurch durch Reibung verzögert werden kann.

Charakteristisch für die Wagenkastenkonstruktion ist die hohe Steifigkeit der Struktur, verbunden mit der Verwendung von recycelbaren, standardisierten und dadurch kostengünstigen Bauteilen, welche vornehmlich in Leichtbauweise ausgeführt sind. Ein weiteres Merkmal in diesem Zusammenhang sind die guten bauphysikalischen Eigenschaften, welche durch die besonders sorgfältige Materialauswahl und die angepaßte Bauweise erzielt werden konnten. Die brandschutztechnische Ausführung genügt den hohen Anforderungen der Brandschutzstufe 4 nach DIN 5510 und entspricht Luftfahrtstandard.[63]

Wie beim ICE erfolgte die statische Berechnung des Fahrzeugs mit Hilfe der Finiten Elemente Methode. Zur Ermittlung der Eigenformen der Wagenkastenstruktur und der Eigenfrequenzen wurde ebenfalls die FEM eingesetzt. Die vorwiegend aus Aluminium[64] gefertigte Rohbaustruktur wird durch fachwerkartige Verstrebungen ausgesteift. Die mit Sandwichplatten[65] abgedeckten Zwischenräume im unteren Bereich des Fahrzeugs dienen als Unterbringungsbereich für die technischen Geräte und Komponenten. Neben dem Einsatz als Boden und Unterboden werden die Sandwichplatten auch für das Dach und die Rückwände verwendet. Die Kernschicht besteht aus Waben mit phenolharzgebundenen Aramidfasern[66]. Dadurch werden hohe Druck- und Biegefestigkeiten bei relativ geringem Eigengewicht erreicht. Für die seitlichen Außenwände kommt als Werkstoff ebenfalls Aluminium zur Anwendung. Der Arbeitsaufwand für den Bau des Wagenkastens wird durch die Verwendung von wenigen vorgefertigten Einheiten mit einfach zu montierenden Verbindung mittels Schraub- und Klebetechnik niedrig gehalten. Das Rohbaugewicht beträgt 5.137 Mg. Die Höhe über Fußbodenoberkante beträgt 2,27 m bei einer Gesamthöhe von 3,95 m.

---

[63] Vgl. Fiedler 1999, S. 368.

[64] Vgl. Dillig, Schnaas 2000, S. 30-34.

[65] Sandwichplatten sind Verbundbauteile und bestehen aus zwei dünnen Deckblechen, welche eine isolierende Kernschicht schubfest einschließen. Sie zeichnen sich durch gute Wärmedämmeigenschaften bei gleichzeitig hoher Steifigkeit und Festigkeit aus.

[66] Phenolharze sind künstlich hergestellte organische Werkstoffe, die vorwiegend aufgrund ihrer guten wärmedämmenden Wirkung verwendet werden. Die aus aromatischen Polyamiden bestehenden Aramidfasern werden oftmals auch als Hochmodulfasern bezeichnet und zeichnen sich durch eine hohe Widerstandsfähigkeit gegenüber organischen Lösemitteln, sowie durch große Hydrolyse- und Hitzebeständigkeit aus. (Vgl. Gräfen 1993, S. 746).

Durch die hohen Fahrgeschwindigkeiten werden an die Fenster des Transrapid noch höhere Anforderungen hinsichtlich der Festigkeit und der Aerodynamik gestellt als an die des ICE. Die Doppelscheiben aus Verbundsicherheitsglas erfüllen zusätzlich die Forderungen nach guter Klimatisierung sowie nach hoher Wärme- und Schalldämmung. Die Frontscheiben sind nochmals extra verstärkt ausgeführt, da hier die Gefahr von aufschlagenden Gegenständen besonders berücksichtigt werden muß. Um die Wagenkastensteifigkeit möglichst wenig zu schwächen, sind die Einstiegstüren an den Enden des Wagens angebracht. Ähnlich dem Doppelwellenbalg beim ICE erfüllt auch der umlaufende Faltenbalg des TR 08 mit den zwei elastischen Wänden seinen Zweck, den Übergang zwischen den Fahrzeugsektionen möglichst konturharmonisch abzudichten.

Die Innenausstattung des Transrapid ist komfortabel, jedoch nicht ganz so edel und gediegen wie die des ICE, da hier größerer Wert auf eine optimale Sitzplatzausnutzung gelegt wird. Durch die höheren Geschwindigkeiten und die damit verbundenen kürzeren Reisezeiten ist die einfachere Ausstattung des Transrapid aber durchaus ausreichend (und nebenbei auch kostengünstiger), da die Aufenthaltszeit bei gleicher Streckenlänge kürzer als beim ICE ist. Aus demselben Grunde erklärt sich auch der Verzicht auf ein Restaurant beim Transrapid[67].

Ein wesentlicher Unterschied zum ICE besteht darin, daß der Transrapid auch als Transportmittel für hochwertige Güter eingesetzt werden kann. So ist zum Beispiel die Beförderung von Eilzustellungen der Post denkbar. (In Frankreich gibt es einen „Post-TGV", der eigens für diesen Zweck gebaut wurde). Durch die standardisierten Befestigungsmöglichkeiten ist eine schnelle Anpassung an die jeweiligen Erfordernisse durch die unterschiedlichen Innenraumnutzungen möglich.

Der TR 08 zeichnet sich durch die hohe Betriebsgeschwindigkeit (500 km/h), der angemessenen Innenausstattung mit hoher Sitzplatzkapazität, dem hohen Fahrkomfort, dem geringen Wartungsaufwand und der Verwendung kostengünstiger Serienkomponenten aus. Insgesamt kann seine Konstruktion als gelungen angesehen werden, wenngleich es in punkto Gewichtseinsparung wohl noch einige Verbesserungsmöglichkeiten gibt.

Tabelle 3.11: Technische Daten des TR 08 (Quelle: TRI 2001 u. MVP 2001)

Trag-/Führprinzip	EMS
Antriebssystem	Synchroner eisenbehafteter Langstator-Linearmotor
Betriebliche Höchstgeschwindigkeit [km/h]	500
Fahrzeugbreite [m]	3,7
Fahrzeughöhe [m]	4,2
Länge Endsektion [m]	27,0
Länge Mittelsektion [m]	24,8
Leergewicht Personenfahrzeug [Mg]	53,0 (3-Sektionen-Fahrzeug)

---

[67] Vgl. Heinrich, Kretschmar 1989, S. 71 ff.

Leergewicht Güterfahrzeug [Mg]	48,0 (3-Sektionen-Fahrzeug)
Nutzlast Personenfahrzeug [Mg]	15
Anzahl der Sitzplätze Endsektion	92
Anzahl der Sitzplätze Mittelsektion	126

3.2.3 Zugkonfiguration

Der Prototyp Transrapid 08 besteht aus 3 Sektionen (Sektion E1 - Mittelsektion – Sektion E2). Die ersten beiden Sektionen sind für den Versuchsbetrieb auf der TVE mit Fahrgasträumen für Besucher ausgestattet, um die Betriebstauglichkeit für den späteren „Ernstfall" zu proben und um den Bekanntheitsgrad zu fördern. Die Endsektion ist komplett für den Versuchsbetrieb ausgestattet und daher überwiegend noch mit Meßinstrumenten versehen. Für den Anwendungsbetrieb sind Zugkonfigurationen mit 2 bis 10 Sektionen – je nach Bedarf – möglich. Die kleinste Einheit mit 2 Sektionen ergibt sich aus den beiden unbedingt erforderlichen Endwagen. Für ein sehr hohes Fahrgastaufkommen liegt die Obergrenze bei 10 Sektionen (= ca. 1200 Sitzplätze), da sonst die Züge für die Betriebsanlagen (Bahnhöfe, Streckenabschnitte etc.) zu lang wären.

Tabelle 3.12: Variantenübersicht des TR 08 (Quelle: TRI 2001)

Anzahl der Sektionen	3-Sektionen Fahrzeug	4-Sektionen Fahrzeug	5-Sektionen Fahrzeug
Gesamtlänge [m]	79,7	103,5	128,3
Leergewicht [Mg]	149,5	198,2	247,3
Nutzlast [Mg]	39,0	54,8	70,2
Gesamtgewicht [Mg]	188,5	253,0	317,5
Gesamtanzahl der Sitzplätze	310	336	438

3.3 Vergleichende Zusammenfassung

Die größere Anzahl der bisher hergestellten Transrapidgenerationen mag einen größeren Entwicklungsstand (durch oftmalige Überarbeitung) als beim ICE suggerieren. - Das Gegenteil ist der Fall. Mangels eines echten dauerhaften Betriebseinsatzes fehlen den Ingenieuren die Erfahrungswerte und auch die kommerziellen Zwangslagen, die zu grundlegenden Verbesserungen animieren würden. Zudem erfolgte die Entwicklung, bedingt durch die Neuartigkeit des Verkehrssystems, ohne auf irgendwelche Vorkenntnisse zurückgreifen zu können. Die Fahrzeugkonstruktion des Transrapid ist daher noch weniger ausgereift als die des ICE.

Die Brand-, Schall- und Wärmeschutzwerte des Transrapid sind – ähnlich wie die des ICE - sehr hoch und erfüllen höchste Ansprüche. Hier setzten beide Züge Maßstäbe im internationalen Vergleich. Da der Transrapid wegen der fahrwegseitigen Anordnung des Antriebes weniger technische Einrichtungen im Fahrzeug aufnehmen muß, ist die Gestaltungsfreiheit für die Ingenieure hinsichtlich einer möglichst aerodynamischen und aeroakustischen Formgebung größer als beim ICE. Dies äußert sich unter anderem in den Fahrwiderständen. Bei gleicher Geschwindigkeit (300 km/h) weist der ICE 3 einen Wert von 0,248 kN/m[68] (spezifischer aerodynamischer Fahrwiderstand bei Fahrzeuglängen von jeweils 200 m) auf, beim Transrapid liegt er bei 0,232 kN/m. Bei höheren Geschwindigkeiten steigt dieser Wert sehr stark an, so daß er bei 500 km/h 0,644 kN/m beträgt. Hieraus ergibt sich eine beschränkende Wirkung auf die Geschwindigkeitsauslegung der Systeme, da der quadratisch zunehmende Luftwiderstand den technisch möglichen Fahrbetrieb mit noch höheren Geschwindigkeiten unwirtschaftlich macht.[69]

Aufgrund der kürzeren Reisezeiten, der höheren Betriebsgeschwindigkeit und des größeren Beschleunigungsvermögens ist beim Transrapid kein Restaurant[70] vorgesehen. Damit läßt sich die Bestuhlung effektiver gestalten, was sich günstig auf die spezifischen Kenndaten auswirkt. Die flexible Nutzraumgestaltung beim Transrapid läßt auch Güterbeförderungen zu. Die Tabelle 3.13 dokumentiert die kontinuierliche Weiterentwicklung des ICE in Bezug auf die wichtigsten Leistungsdaten. Trotz aller gemachten Fortschritte innerhalb der ICE-Generationen kann der ICE 3 die systembedingte Überlegenheit des Transrapid nicht kompensieren. Die Fahrzeugmasse pro Sitzplatz ist beim Transrapid (5 Sektionenfahrzeug, 438 Sitzplätzen) mit ungefähr 0,6 Mg wesentlich niedriger als bei einem ICE 3 (8 Wagen, 415 Sitzplätze) mit ca. 1,0 Mg. Gleiches gilt für die spezifische Leistungsfähigkeit. Hier liegt der Wert des Transrapid mit 49,1 kW/Mg (in Beschleunigungsabschnitten sogar 98,2 kW/Mg) deutlich über dem des ICE 3 mit 18,1 kW/Mg.[71]

Tabelle 3.13: Gegenüberstellung der spezifischen Leistungsdaten (Quelle: IFB 2001 u. Wagner 1997, S. 11)

Kenndaten	ICE 1	ICE 2	ICE 3	TR 08 (5 Sektionen)
Höchstgeschwindigkeit [km/h]	280	280	330	500
Leistung pro Besetztgewicht [kW/Mg]	9,8	10,6	18,1	49,1 (in Beschleunigungsabschnitten: 98,2)
Leergewicht pro Zuglänge [Mg/m]	2,23	2,01	2,02	1,93
Leergewicht je Sitzplatz [Mg]	1,17	1,06	0,98	0,58
Sitzplätze pro Zuglänge [1/m]	1,91	1,90	2,05	3,42

---

[68] Quelle: IFB 2001.

[69] Kritiker der Schnellbahnen sehen hier deren Schwachpunkt. Aus ihrer Sicht sind Geschwindigkeiten über 300 km/h deshalb nur in dünneren Luftschichten (Flugzeug) sinnvoll.

[70] Den Planungen der DB AG zufolge soll bei künftigen ICEs der Restaurantwagen wegfallen und durch ein kleineres Bistro ersetzt werden.

[71] Quelle: IFB 2001.

Die Zugzusammenstellung läßt sich beim Transrapid flexibler gestalten. Unbedingt erforderlich sind nur die beiden Endwagen. Ansonsten kann der Transrapid durch die Anzahl der Mittelwagen frei an das Fahrgastaufkommen angepaßt werden. Der ICE ist durch sein Halbzugkonzept ebenfalls variabel in der Zugkonfiguration, jedoch nur in beschränktem Maße.

4 Fahrwege

Der ICE verkehrt derzeit sowohl auf den hauptsächlich für ihn vorgesehenen Neubau- als auch auf ausgebauten Bestandsstrecken. Er ist also nicht unbedingt auf einen neuen Fahrweg angewiesen. Dagegen erfordert die Inbetriebnahme eines neuen Verkehrssystems zugleich auch die Neuentwicklung eines passenden Fahrweges dazu.

Unabhängig von der Art des Bahnfahrzeuges stellt die Konstruktion eines *neuen* Fahrweges für den Hochgeschwindigkeitsverkehr an den Bauingenieur eine Reihe von Anforderungen, denen er zu genügen hat. Diese lassen sich im einzelnen folgendermaßen definieren:

- Geringer Flächenverbrauch und geringe Landschaftszerschneidung
- Günstige Trassierung (wenig Kunstbauten, geringe Streckenlänge, möglichst hohe Geschwindigkeitsauslegung bei möglichst geringen Eingriffen in die örtlichen Ökosysteme und Kulturlandschaften)
- Bau und Unterhaltung mit volkswirtschaftlich vertretbarem Aufwand
- Geringe Beeinträchtigung der unmittelbaren Umgebung (z. B. durch Lärm oder auch Nutzungseinschränkungen)
- Widerstandsfähigkeit gegenüber klimatischen Einflüssen (Wind, Kälte, hohe Temperaturschwankungen) und Vandalismus
- Hohe Lebensdauer und Verfügbarkeit (geringer Wartungsaufwand)

Neben diesen allgemeinen Kriterien eines gelungenen Fahrweges gesellen sich natürlich auch systemspezifische Besonderheiten, die zu berücksichtigen und in die Planung mit einzubeziehen sind.

4.1 Fahrweg für den ICE

4.1.1 Allgemeines

Grundsätzlich ist bei den Fahrwegen für den ICE zu unterscheiden zwischen Neubau- und Ausbaustrecken. Obwohl der ICE eigentlich vorrangig für den Betriebseinsatz auf den für ihn maßgeschneiderten NBS vorgesehen ist, wird er auch in Zukunft vielfach auf den ausgebauten Strecken des Altnetzes verkehren, da die Realisierung von Neubaustrecken nur langsam voranschreitet und nicht mit der schnelleren Fahrzeugentwicklung mithalten kann.

Die Ausbaustrecken stellen eine Art Kompromiß zwischen dem veralteten und für die Anforderungen des Hochgeschwindigkeitsverkehrs nicht gewachsenen Bestandsstrecken und den an die Bedürfnisse des ICE ausgerichteten NBS dar. Aufgrund der ungünstigeren Trassierungswerte und der geringeren Beanspruchbarkeit lassen die Ausbaustrecken lediglich eine Höchstgeschwindigkeit von in der Regel 200 km/h zu. Die Maßnahmen bei einem solchen „Ausbau" einer vorhandenen Strecke bestehen hauptsächlich aus Trassenbegradigungen, Verbesserungen der signaltechnischen Einrichtungen, Anpassung der Fahrwegabmessungen an das geforderte Lichtraumprofil und Errichtung von zusätzlichen Streckengleisen sowie von Anlagen für den Gleiswechselbetrieb. Zusätzlich werden vorhandene Bahnübergänge beseitigt, da sie bei den hohen Geschwindigkeiten des ICE ein zu großes Sicherheitsrisiko darstellen würden.[72]

Die Neubaustrecken unterscheiden sich von den Fahrwegen des Bestandsnetzes vorwiegend durch die Verwendung von qualitativ höherwertigen Baustoffen und eine sorgfältigere Bauausführung, durch eine geradlinigere Streckenführung, wenig Haltepunkte sowie durch die Ausstattung mit den modernsten Zugsicherungssystemen. Sie sind vorrangig für den Hochgeschwindigkeitsverkehr gebaut - wenngleich sie auch teilweise von Güterzügen befahren werden - und lassen daher Geschwindigkeiten von 300 km/h[73] und mehr zu.

Für bauliche und betriebliche Zwecke stellen die in den verschiedensten Regelwerken definierten Regelrichträume ein wesentliches Hilfsmittel dar. Sie beschreiben den bei der Durchfahrt eines Zuges freizuhaltenden Raum (auf den Streckenquerschnitt bezogen). Die Lichtraumabmessungen ergeben sich aus dem Platzbedarf für das Fahrzeugprofil selbst, Sicherheitsabständen und Bewegungsspielräumen.

Für Neubaustrecken - und auch bei umfassenden Umbauten an Bestandsstrecken - ist das sog. Lichtraumprofil GC (nach UIC Merkblatt 506) in Verbindung mit dem Regellichtraum für strecken mit Oberleitung (nach EBO) maßgebend.

Es gilt für Radien größer als 250 m und ist in Bild 4.1 dargestellt. In den abgebildeten Querschnitt dürfen aus Sicherheitsgründen keinerlei Einbauten hineinragen. Für die beiden schraffierten Bereiche gelten Sonderregelungen:

Der Bereich A darf für Streckenausrüstungen zwischen Strecken- und durchgehenden Hauptgleisen verwendet werden. In den Raum B dürfen allgemein feste bauliche Anlagen (z.B.: Signalanlagen, Bahnsteige etc.) hineinragen. Ebenso darf dieser Bereich bei Bauarbeiten genutzt werden, sofern ausreichende Sicherheitsvorkehrungen getroffen worden sind.

Im Normalfall sind die Strecken zweigleisig ausgeführt. Der Gleisabstand beträgt dann in der Regel 4,70 m.

Für einen besseren Betriebsablauf werden bei NBS ungefähr alle 20 km Überholungsbahnhöfe angeordnet. Hier können langsamere Züge von schnelleren überholt werden. Zusätzlich sind die beiden Richtungsgleise im Abstand von rund 7 km durch Überleitstellen miteinander verbunden. Bei Bauarbeiten an der Strecke kann somit der betroffene Bereich, durch Ausweichen auf das gegenüberliegende Gleis, ohne größere Beeinträchtigungen für den Betriebsablauf umfahren werden.

---

[72] Vgl. Olshausen 1997, S.53. u. Naumann, Pachl 2002, S. 15.

[73] So sieht die Theorie aus. In der Praxis gibt es bislang nur eine NBS (Köln-Rhein/Main) die für eine Höchstgeschwindigkeit von 300 km/h ausgelegt ist.

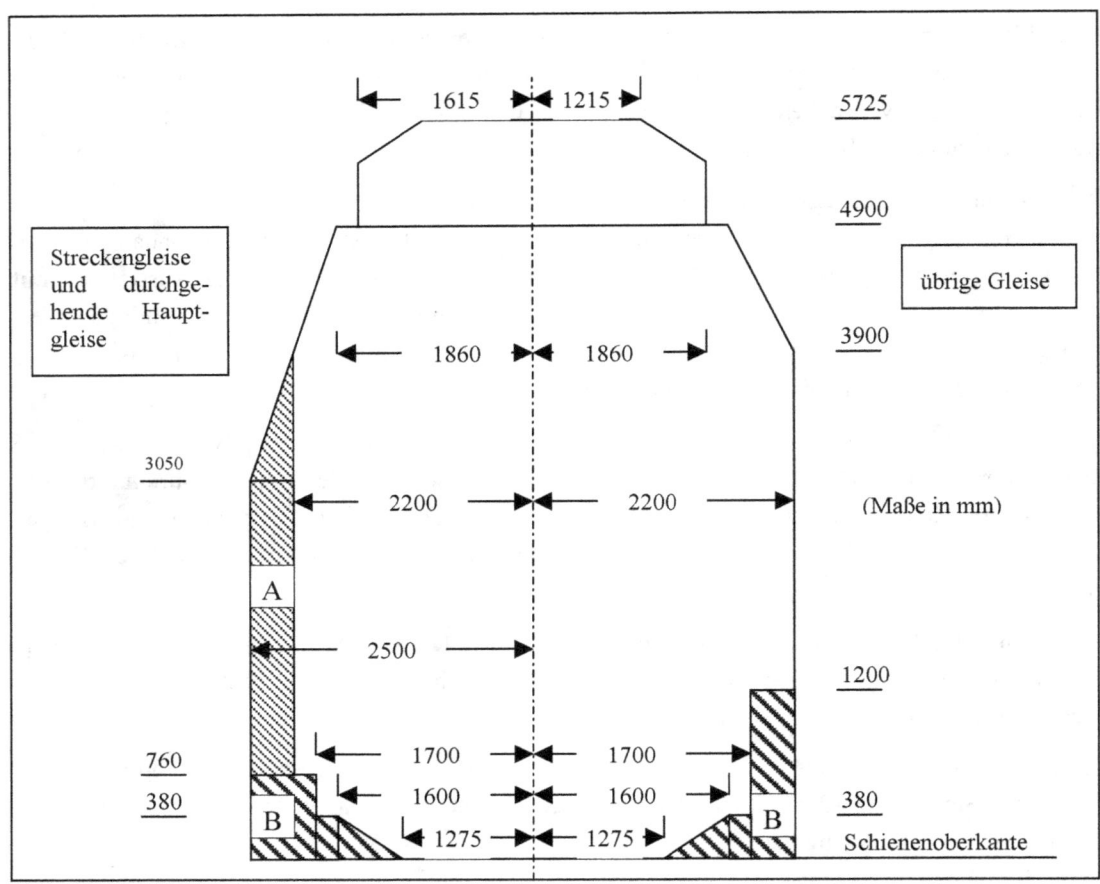

Bild 4.1: Lichtraumprofil GC für NBS (eigene Darstellung, Quelle: Schneider 2001, S. 12.83)

4.1.2 Bauweise

Hinsichtlich der Fahrwegkonstruktion unterscheiden sich Neu- und Ausbaustrecken nur geringfügig, daher wird im folgenden nur die Bauweise der NBS betrachtet.

Der konstruktive Fahrbahnaufbau besteht im wesentlichen aus Ober- und Unterbau, wobei das Planum (Unterbaukrone) die Grenze zwischen den beiden Teilen darstellt. Dazu kommen noch die Einrichtungen für die Energieversorgung bei den elektrifizierten Strecken. Dies sind in der Regel die Auslegermasten, an denen über ein Tragseil der Fahrdraht befestigt ist. Dieser Fahrdraht steht in Kontakt mit dem Stromabnehmer des Fahrzeugs und sorgt somit für die Energieübertragung. Bei den NBS kommt die Oberleitung der Bauart Re 250 zum Einsatz. Eingespeist wird Einphasenwechselstrom mit 15 kV und 16 $^2/_3$ Hz.

4.1.2.1 Erdkörper

Als Unterbau wird ein Erd- oder Kunstbauwerk bezeichnet, welches zwischen dem Oberbau und dem Untergrund angeordnet ist. Der anstehende gewachsene Boden oder Fels wird in diesem Zusammenhang Untergrund genannt.

Die Aufgabe des Unterbaus besteht darin, die Druckkräfte aus den Eisenbahnverkehrslasten sicher aufzunehmen und in den tragfähigen Untergrund abzutragen.

Der auch zusammen mit der Planumsschutzschicht (PSS)[74] als Erdkörper bezeichnete Unterbau setzt sich in der Regel aus mehreren Schichten zusammen. Im einzelnen sind dies von oben nach unten die PSS, die Frostschutzschicht (FSS) und meistens noch ein verdichtetes Dammschüttgut.

Die unterhalb des Oberbaus mit einer plangerecht gestalteten Oberfläche liegende PSS hat hauptsächlich die Aufgabe, das obenliegende Schotterbett vor Einflüssen aus dem Untergrund und dem Erdkörper zu schützen. Vor allem soll verhindert werden, daß ein Austausch der Bodenstoffe zwischen Schotter und Unterbau stattfindet. Dazu hat die PSS besonderen Filteranforderungen zu genügen.

Die FSS ist für die Sicherstellung der Tragfähigkeit und Steifigkeit sowie für die Widerstandsfähigkeit des Erdkörpers gegen Witterungseinflüsse zuständig. Die frostunempfindliche Eigenschaft erlangt sie aufgrund ihrer Fähigkeit, eindringendes Wasser sehr schnell abzuleiten und kapillares Wasseransaugen aus unteren Bereichen verhindern zu können. Dadurch wird die Gefahr von Frostsprengungen durch Eislinsenbildung und ein Tragfähigkeitszusammenbruch des Bodens durch Wasserübersättigung beim Auftauen minimiert. Unterhalb der FSS muß meistens noch eine zusätzliche Schicht mit ausreichender Tragfähigkeit und Scherfestigkeit angeordnet werden, da der vorhandene anstehende Boden oftmals diese Eigenschaften nicht in ausreichendem Maße besitzt. Dazu wird ein Bodenaustausch oder eine Bodenverbesserung durchgeführt.

Je nach örtlicher Begebenheit werden noch Erdbauwerke für Dämme, An- und Einschnitte erforderlich. Etwaige Kunstbauten, wie Brücken, Durchlässe, Tunnel oder Stützbauwerke werden ebenfalls dem Unterbau zugeordnet. Dazu gehören auch noch die Anlagen für die Entwässerung des Bahnkörpers. Das sind Bahngräben oder –mulden und ggf. Tiefenentwässerungsanlagen.[75]

4.1.2.2 Oberbauformen

Bei den NBS werden zwei grundsätzlich verschieden Oberbauformen angewendet. Zum einen die herkömmliche Bauart mit einem Schotterbett. Zum anderen die sog. Feste Fahrbahn, eine Neuentwicklung, von der man sich einen geringeren Unterhaltungsaufwand und insgesamt eine höhere Wirtschaftlichkeit verspricht.

Die Wirkungsweise hinsichtlich der Lastabtragung unterscheidet sich wie folgt: Die Abfederung der hohen vertikalen Eisenbahnverkehrslasten erfolgt beim Schotteroberbau durch eine Einsenkung des Gleisrostes in das Schotterbett. Die Nachgiebigkeit bei der Festen Fahrbahn übernehmen die eingebauten elastischen Schichten.

---

[74] Die Planumsschutzschicht wird in der Literatur unterschiedlich zugeordnet: meistens zum Unterbau (Erdkörper), teilweise aber auch zur Bettungsschicht und damit zum Oberbau (vgl. Matthews 1998, S. 137f u. Schiemann 2002, S. 272).

[75] Vgl. Matthews 1998, S. 139ff u. Fiedler 1980, S. 105ff.

Durch die ständigen Beanspruchungen aus dem Fahrbetrieb können Unebenheiten im Gleis (vor allem beim Schotteroberbau) entstehen. Hierzu verfügt der ICE über eine automatische Einrichtung, die solche Problemstellen erfaßt und meldet. Bei beiden Oberbauarten können Lageungenauigkeiten der Gleise bis zu einem gewissen Grad nachreguliert werden.

4.1.2.2.1 Schotteroberbau

Diese „klassische" Oberbauform bestimmt derzeit (noch) das Erscheinungsbild der Fahrwege für den ICE.

Sie setzt sich zusammen aus Schienen, Schwellen, Kleineisen, die gemeinsam als Gleisrost bezeichnet werden, und der Bettung. Die Funktionsweise der Einzelelemente des Oberbaus läßt sich nach FIEDLER folgendermaßen erklären. „Die Schienen dienen den Fahrzeugen als Fahrbahn (Lauffläche und Spurführung). Dabei nehmen sie alle auftretenden vertikalen und horizontalen, statischen und dynamischen Kräfte auf und leiten sie in die untergelegten Querschwellen. Hierfür ist eine kraftschlüssige Verbindung zwischen Schienen und Schwellen unter Verwendung von Schienenbefestigungsmitteln erforderlich. Die größeren Auflagerflächen der Schwellen reduzieren die Flächenpressungen (...). Die horizontalen Längskräfte werden in der Auflagerfläche der Schwellen durch Reibung und von den Schwellenseiten auf die Einschotterung unmittelbar eingeleitet." [76] Zusätzlich gewährleistet das verdichtete Schotterbett die Fixierung der Gleislage in Querrichtung, so daß eine ausreichende Lagestabilität gegeben ist.

Das Zusammenspiel von Schienen, Schwellen und Schotterbett kann am besten durch das statische System eines Durchlaufträgers auf elastischen Stützen idealisiert werden. Genau genommen besitzt das Schotterbett aber ein elastoplastisches Verformungsverhalten, das durch die Wechselwirkung der Oberflächenspannung des verdichteten Schotters mit dem einwirkenden Gleisrost hervorgerufen wird. [77]

Der Schotter besteht aus gebrochenem Hartgestein mit einer Mindestdruckfestigkeit von 180 N/mm². Auf Neubaustrecken kommen Schienen vom Typ UIC 60 zum Einsatz. Diese Kurzbezeichnung steht für international genormte Schienen mit einem Metergewicht von 60 kg/m. Diese Schienen werden auf Spannbetonschwellen B75W (Bezeichnung: B für Beton als Schwellenmaterial, 75 für die Herstellungszeit 1975, und W für die Art der Schienenbefestigung) bzw. B70W[78] montiert. Die Schwellenlänge beträgt 2,80 m bei einer Breite von 0,33 m und einer Höhe von 0,20 m. Die verwendete Betonfestigkeitsklasse ist mit C 50/60 relativ hoch. Zur Schienenbefestigung wird der sog. W-Oberbau verwendet, benannt nach der w-förmigen Winkelführungsplatte. Er zeichnet sich in erster Linie durch eine hohe Lagestabilität aus.

Um die hohen Instandsetzungsaufwendungen durch die enormen Belastungen aus dem Hochgeschwindigkeitsverkehr zu reduzieren, kommen neuerdings Unterschottermatten, meist in Verbin-

---

[76] Zitiert nach: Fiedler 1980, S. 84.

[77] Vgl. Schiemann 2002, S. 272ff.

[78] Vgl. Eisenmann 2002, S. 13.

dung mit der hochelastischen Schienenbefestigung Ioarv 300, zum Einsatz. Erstmals wurde dieser weiterentwickelte Schotteroberbauvariante in Teilabschnitten der 1998 eröffneten Strecke Hannover-Berlin (mit Mischbetrieb) eingebaut.[79]

4.1.2.2.2 Feste Fahrbahn

Die sog. Feste Fahrbahn, eine schotterlose Oberbauform, wurde Anfang der siebziger Jahre an der TU München (Prof. Eisenmann) entwickelt. Zuerst war sie nur für solche Streckenabschnitte gedacht, bei der ein bereits vorhandener tragfähiger Untergrund (z.B. auf Kunstbauwerken) die lastverteilende Funktion des Schotterbettes überflüssig macht. Im Laufe der Zeit kristallisierten sich die Vorzüge dieser Oberbauform besser heraus, so daß sie nun vermehrt auch auf freien Streckenabschnitten eingebaut wird. Die ersten NBS wiesen bestenfalls einen Anteil von bis zu 10 % an Fester Fahrbahn auf. Die Neubaustrecke Köln-Frankfurt/Main wurde dagegen bereits überwiegend mit dieser modernen Oberbauform ausgestattet.

Die Feste Fahrbahn ist eine Verbundkonstruktion mit einer hohen Formtreue. Sie besteht aus mehreren Lagen von harten und elastischen (keine elastoplastischen wie beim Schotteroberbau) Elementen. Es existieren verschieden Bauformen, bei denen die Tragkonstruktion aus Asphalt oder aus Beton hergestellt wird. Die bisher bei den NBS am häufigsten angewendete Bauart Rheda (benannt nach dem Ort der ersten Versuchsstrecke) besteht aus einer durchgehend bewehrten Betonplatte, die auf einer elastischen Schicht aus Styroporbeton aufliegt. Darüber liegt eine lastverteilende Füllbetonschicht auf der Spannbetonschwellen mit einer Längsbewehrung die aufliegenden Schienen der Form UIC 60 in ihrer Lage fixieren.

Die Entwicklung des Tragplattenoberbaus, so wird diese Oberbauform auch bezeichnet, ist natürlich nicht bei der bereits 1972 angewendeten Rheda-Variante stehengeblieben. Vielmehr erfolgte eine kontinuierliche Weiterentwicklung, wobei insbesondere Erfahrungswerte aus dem Straßen- und Flugbetriebsflächenbau mit einflossen. Mittlerweile existieren zahlreiche Modifikationen (vgl. Übersicht).

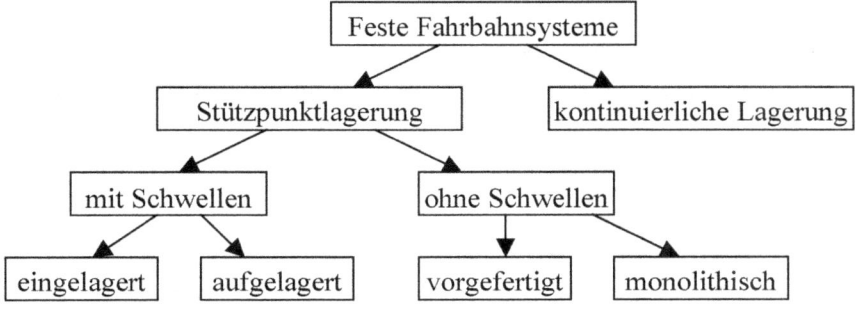

Bild 4.2: Übersicht zur Einteilung der verschiedenen Feste-Fahrbahn-Systeme (eigene Darstellung, Quelle Fleischer, Lieschke, von Wilcken 2002, S. 74 u. Darr 2001, S. 45ff.)

---

[79] Vgl. Eisenmann 2001, S. 40.

Die verschiedenen Rheda-Bauformen[80] - darunter auch die in Bild 4.3 dargestellte Variante mit Betontrog - waren aber nur der Ausgangspunkt für die Weiterentwicklung der Festen Fahrbahn. Um die Herstellung einfacher und zuverlässiger gestalten zu können, modifizierte man die eingelagerte Bauweise zur aufgelagerten Variante. Dabei werden die Schwellen nicht in den Füllbeton einbetoniert, sondern lediglich über Klebeanker mit der bewehrten Betontragschicht verspannt. Dadurch konnte der schwierigste Teil des bisherigen Herstellungsprozesses (das Unterfließen der Schwellenblöcke durch den Füllbeton) mit hohen Anforderungen an die Betontechnologie und die Einbausorgfalt umgangen werden[81]. Versuche, die Schwellen erst in den verdichteten Beton einzurütteln (Bauart „Züblin"), waren mit mäßigem Erfolg dieser Prinzipänderung vorausgegangen.

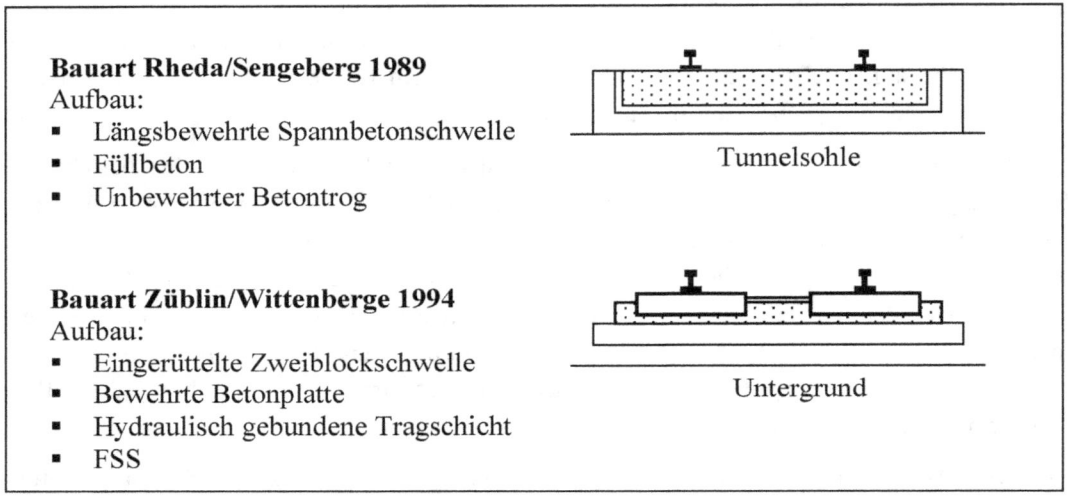

Bild 4.3: Beispiele für verschiedene Bauarten der Oberbauform Feste Fahrbahn (eigene Darstellung, Quelle Bösl 2001, S. 7.23)

In Anlehnung an die Entwicklung beim Autobahnbau ging man teilweise dazu über, die Tragschicht ohne hydraulische Bindemittel auszuführen. Dadurch lassen sich bessere Auflagerbedingungen für die darüberliegende Betontragschicht erzielen. Zudem kann auf die Kerbung der Tragschicht (zur Vermeidung von Reflexionsrissen bei der Betontragschicht) verzichtet werden. Besonders vorteilhaft wirkt sich bei dieser Bauweise mit einer Tragschicht ohne Bindemittelzusatz der Umstand aus, daß auch Recyclingmaterial (z. B. alter Gleisschotter, der sonst aufgrund der in der Regel enthaltenen Verunreinigungen kostenintensiv entsorgt werden müßte) verwendet werden kann.

Zunehmend verzichtet man dabei auf den Einbau einer Längsbewehrung. Statt dessen versucht man mittels verdübelter Querscheinfügen und mit (über Anker gesicherten) Längsscheinfügen die

---

[80] Vgl. Fleischer, Lieschke, von Wilcken 2002, S. 73f.

[81] Vgl. Ablinger, Kleboth, Rhomberg 2001, S. 22ff.

unvermeidliche Rißbildung zu steuern, so wie dies mittlerweile auch beim Straßen- und Flugbetriebsflächenbau Stand der Technik ist.

Genauso wie die vorgenannten aufgelagerten Systeme verfügen auch die schwellenlosen Varianten über den Vorteil, daß sie, im Vergleich zu den Rheda-Bauweisen, mit wesentlich weniger Arbeitsschritten auskommen und somit unabhängiger gegenüber den Unzulänglichkeiten der Bauausführung sind. Zugleich ist für deren Bau auch kein Nachbargleiskörper erforderlich. Bei den neuartigen schwellenlosen Fahrwegen mit Einzelpunktlagerung übernimmt die in Schwellenform profilierte Oberfläche der Tragschicht die Aufgaben der Lastabtragung. Diese Bauform hat sich bei den ersten Betriebserprobungen als besonders wartungs- und instandsetzungsarm erwiesen.

Eine weitere Alternative stellt das sog. Rasengleis für Fernbahnen dar. Hierbei handelt es sich um zwei in Gleitschalungstechnik hergestellte Betonlängsbalken mit durchgehender Längsbewehrung, deren Zwischenraum begrünt werden kann. Neben der Möglichkeit Oberflächenwasser über dieses Rasenband versickern zu können, zeichnet sich diese kontinuierlich gelagerte Oberbauform durch gute lärmmindernde Eigenschaften aus. Sie eignet sich damit bevorzugt für Streckenabschnitte mit naher Bebauung (Bahnhofsnähe).[82]

Nicht nur beim prinzipiellen Aufbau, sondern auch bei den einzelnen Komponenten gibt es Ansätze zur Optimierung des ICE-Fahrweges. So wurden auf der NBS Köln-Rhein/Main anstelle der Einblock-Spannbetonschwellen schlaff bewehrte Zweiblockbetonschwellen eingebaut. Dabei werden die durch Gitterträger verbundenen Betonblöcke zur Verbesserung der Dauerhaftigkeit in Füllbeton einbetoniert.

Und auch bei den Schienenbefestigungsmitteln gibt es Neuerungen, die allesamt auf eine höhere Wirtschaftlichkeit abzielen. Aus dem gleichen Grund verfolgt man das allgemeine Ziel, die Anzahl der Arbeitsschritte beim Bau der Fahrbahn zu reduzieren. Dadurch lassen sich nicht nur schnellere Bauzeiten und damit verbunden, geringere Personalkosten, erzielen; auch die Fehleranfälligkeit beim Einbau der einzelnen Bauteile kann gesenkt werden.[83]

Generell eignet sich die Feste Fahrbahn durch ihre hohe geometrische Beständigkeit sehr gut für den Hochgeschwindigkeitsverkehr. Sie zeichnet sich durch einen hohen Querverschiebewiderstand und ganz allgemein durch eine große, dauerhafte Lagegenauigkeit aus, was zu einem hohen Fahrkomfort bei gleichzeitig geringem Verschleiß führt. Nachteilig bei dieser Oberbauform sind die, im Vergleich zum Schotteroberbau, höheren Baukosten und die längere Herstellungszeit. Durch die größere Schallabstrahlung wird der Einbau von Schallabsorbern erforderlich. Die Betriebssicherheit ist dagegen bei der Festen Fahrbahn deutlich höher als bei der herkömmlichen Schotterkonstruktion. Schotterverwirbelungen sind nicht mehr möglich und die Zusatzbelastungen durch Wirbelstrombremsen[84] oder Temperatureinflüssen bergen nicht mehr die Gefahr einer Gleisverwerfung in sich.

---

[82] Vgl. Fleischer, Lieschke, von Wilcken 2002, S. 74ff.

[83] Vgl. ebd. S. 73-80.

[84] Vgl. Eisenmann 2002, S. 12-18.

Zusammenfassend läßt sich feststellen, daß für die Feste Fahrbahn durch ihr besseres Langzeitverhalten gegenüber dem Schotteroberbau eine höhere Wirtschaftlichkeit zu erwarten ist, so daß sich zukünftig diese Oberbauform bei den NBS durchsetzten wird.[85]

4.1.3 Weichen

Der Einbau von Weichen sollte grundsätzlich auf ein minimales Maß reduziert werden, da diese immer Zonen erhöhten Verschleißes darstellen. Geradeaus, also auf dem Stammgleis, dürfen Weichen mit der jeweils erlaubten Betriebsgeschwindigkeit befahren werden. Die zulässige Geschwindigkeit auf der Abbiegespur richtet sich nach der Größe des Zweiggleisradius.

Bei NBS sollten möglichst nur Weichen mit beweglicher Herzstückspitze eingebaut werden, da diese keinen so großen Materialverschleiß hervorrufen. Um eine möglichst harmonische Streckenführung zu erzielen, wird bei der neuesten Weichengeneration für den Hochgeschwindigkeitsverkehr der Zweiggleisbogen in der Form einer Klothoide ausgeführt. Der unvermeidliche Ruck beim Übergang von der Gerade zum Kreisbogen wird dadurch abgemildert, was sich positiv auf den Fahrkomfort und den Wartungsaufwand auswirkt.[86]

Um den erhöhten Anforderungen aus dem Hochgeschwindigkeitsverkehr Rechnung zu tragen, sind Zusatzeinrichtungen an den NBS vorgesehen, welche den neuesten Stand der technischen Entwicklung auf dem Gebiet der Weichentechnik widerspiegeln. Zur Begrenzung der Zungenlängsbewegungen durch Temperaturschwankungen wird ein sog. thermischer Wanderschutz integriert. Neben Detailverbesserungen bei den Backenschienenverspannungen sowie bei den Weichen- und Herzstückantrieben sind Schwingungstilger zwischen den Langschwellen angeordnet, um die aus der Fahrzeug/Fahrweg-Dynamik herrührenden Schwingungen zu minimieren. Aus dem gleichen Grund sind die in Fester Fahrbahn ausgeführten Schienenauflager mittels Elastomeren hochelastisch gefedert.[87]

Die Weichenverbindungen der Überleitstellen sind für Geschwindigkeiten bis 130 km/h ausgelegt. Kreuzungsweichen sind bei Strecken für den Hochgeschwindigkeitsverkehr nicht zugelassen. Die Weichensteuerung übernehmen elektronische Stellwerke.

4.1.4 Signaltechnik

Die Signaltechnik auf den Neubaustrecken der DB AG hängt eng mit den Einrichtungen für die Zugbeeinflussung (vgl. Kap. 7.1.1) zusammen. Gemeinsam bilden sie die Basis für die Sicherung und Steuerung der Züge, wobei die Zugbeeinflussungssysteme die konventionellen Signale ab einer Zuggeschwindigkeit von 160 km/h überlagern. In dieser Aufgabenverteilung begründet sich die relativ geringe zahlenmäßige Ausstattung (Blocksignale auf der freien Strecke sind nicht mehr

---

[85] Vgl. Eisenmann, Leykauf 2000, S. 291ff.

[86] Vgl. Zilch et. al. 2001, S. 7-36.

[87] Vgl. Fiedler 1999, S. 149-155.

erforderlich) der NBS mit ortsfesten Signalen. Sie liegt bei nur ungefähr 30–40 % im Vergleich zu herkömmlichen Bestandsstrecken.[88]

Auf den ICE-Strecken werden nur noch flexible Kombinationssignale eingesetzt, mit denen eine feinstufige Geschwindigkeitssteuerung möglich ist. Sie können die Funktion von Vor- und Hauptsignalen übernehmen.[89] Für die Signal- (und Weichen-)Steuerung kommen vorwiegend elektronische Stellwerke[90] mit Lichtwellenleiter als Übertragungsmedium zum Einsatz. Diese verfügen über eine maximale Einsatzweite (Stellweite) von ca. 50 km, wodurch sich die Zahl der benötigten Stellwerke auf ein kostengünstiges Maß reduzieren läßt. Die herkömmlichen Relaisstellwerke findet man nur noch vereinzelt auf Strecken für den ICE vor.[91]

Bei den zukünftigen Neubaustrecken, die mit dem innovativen europäischen Zugsicherungssystem ETCS ausgestattet werden, sind keine Streckensignale mehr notwendig. Die komplette Zugsteuerung soll dann über die Führerraumsignalisierung erfolgen.[92]

4.2 Fahrweg für den Transrapid

Anders als bei konventionellen Bahnsystemen (z. B. ICE) beschränkt sich die Funktion des Fahrwegs bei der Magnetschnellbahn Transrapid nicht nur darauf das Fahrzeug zu tragen und zu führen, sondern er nimmt auch den Großteil der Antriebstechnik in sich auf. Daraus ergeben sich erhöhte Anforderungen an die Qualität der Konstruktion, insbesondere hinsichtlich der Parameter Genauigkeit, Verfügbarkeit und Lebensdauer.

Im Rahmen der Weiterentwicklung der Transrapidtechnologie wurden auf der TVE unterschiedliche Bauweisen und Materialien für den Fahrweg erprobt. Besonders der Fahrweg in der aufgeständerten Bauweise verleiht dem System ein charakteristisches Aussehen und polarisiert dadurch oftmals schon aus rein subjektiv-optischen Gesichtspunkten Anhänger und Gegner dieser Technologie.

Ein wesentlicher Unterschied zu den Fahrwegen der Rad/Schiene-Technik besteht darin, daß, aufgrund der kompletten Fahrzeugsteuerung von außen, beim Transrapid keine ortsfesten Signalanlagen entlang der Strecke erforderlich sind. Für außerplanmäßige Betriebshalte sind in regelmäßigen Abständen Haltepunkte vorgesehen, von denen aus die Reisenden das Fahrzeug verlassen können.

4.2.1 Kenndaten des Transrapidfahrweges

Wie bei der Rad/Schiene-Technik sind Einzel- und Doppelspurfahrwege möglich. Bei der doppelspurigen Trassierung verbinden Querriegel im Bereich der Stützenköpfe die jeweils auf einer

---

[88] Vgl. ebd. S. 227ff.

[89] Vgl. ebd. S. 194.

[90] Vgl. Naumann, Pachl 2002, S.56ff.

[91] Vgl. Pachl 2000, S. 126.

[92] Vgl. Krüger 2003, S. 27ff.

massiven Stütze gelagerten Träger zur Aussteifung des Gesamttragwerkes. Die Länge der einzelnen Fahrwegträger kann zwischen 6 und 62 m variieren. Sie beträgt in der Regel ein (ganzzahliges) Vielfaches des Längenmaßes der Statorpakete (1032 mm). Für gekrümmte Doppelspurfahrwege sind natürlich Sondermaße möglich.[93]

Die Form der Unterkonstruktion wird maßgeblich durch die großen Horizontallasten, die bei den hohen Geschwindigkeiten des Transrapid entstehen, bestimmt. Die vergleichsweise niedrigen und gleichmäßig verteilten vertikalen Verkehrslasten führen zu geringen Kräften, die in den Baugrund abgeleitet werden müssen. Dadurch läßt sich der Fahrweg relativ schlank und somit kostengünstig erstellen. Grundsätzlich besitzt die Konstruktion des Transrapidfahrweges eine große Steifigkeit, um die dynamischen Beanspruchungen aus dem Fahrbetrieb möglichst gut aufnehmen zu können. Besonders wichtig ist auch eine hohe Lagegenauigkeit der einzelnen Komponenten. Verformungen aus Temperaturänderungen oder aus unvermeidbaren Baugrundsetzungen dürfen die Funktionsfähigkeit des Gesamtsystems nicht beeinträchtigen.

Zur Fahrwegausrüstung (Bild 4.4) gehören zum einen die Statorpakete, die in Verbindung mit den fahrzeugseitigen Tragmagneten den Transrapid antreiben und vertikal festhalten und zum anderen die seitlichen Führungsschienen für die horizontale Fixierung des Zuges. Zur maßgenauen Herstellung werden die Bohrungen für die Befestigungsmittel (Schrauben) der Statorpakete mit einer automatischen Ausrüstmaschine durchgeführt. Auf den Gleitleisten an der Trägeroberseite, die ebenfalls zur Fahrwegausrüstung gehören, sollen die Tragkufen des Fahrzeugs aufliegen, falls dieses abgesenkt wird. Diese Notgleitebenen kommen nur zum Einsatz, wenn die Energieversorgung ausfällt. Das Fahrzeug befindet sich auch bei Stillstand im Schwebezustand[94].

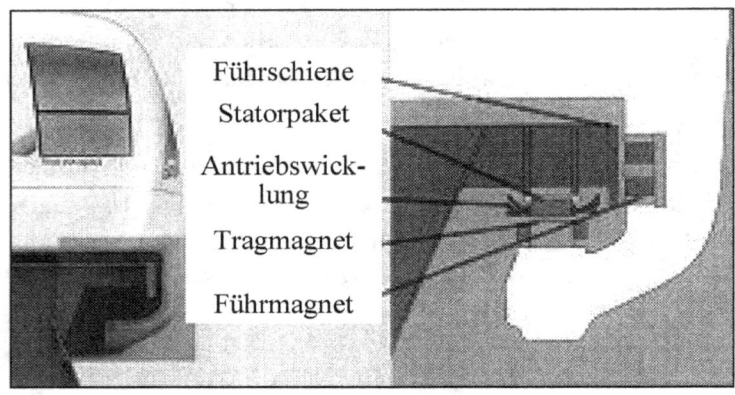

Bild 4.4: Fahrwegausrüstung beim Transrapid (Quelle: TRI 2001)

---

[93] Vgl. Matthews 2002, S. 155f.

[94] Im Gegensatz dazu befinden sich die jap. Magnetbahnen erst ab einer Geschwindigkeit von ca. 100 km/h im Schwebezustand! Sie sind daher mit einem Räderfahrwerk ausgestattet.

In der Magnetschwebebahn Bau- und Betriebsordnung (MbBO)[95] sind keinerlei Fahrzeugumgrenzungslinien für den Transrapid festgelegt. Ein Lichtraumprofil ist dagegen definiert (Bild 4.5). Es ist gültig für Geraden und auch bei Bögen mit einem Halbmesser r > 350 m.

Der Spurmittenabstand beträgt bei Geschwindigkeitsbereichen unter 300 km/h 4,4 m. Darüber muß dieses Maß auf 5,1 m erhöht werden, um den Problembereich „Begegnungsfahrten" bei hohen Geschwindigkeiten in den Griff zu bekommen. Analog verhält es sich mit der Breite des Lichtraums. Diese beträgt 10,1 m bzw. 11,4 m.

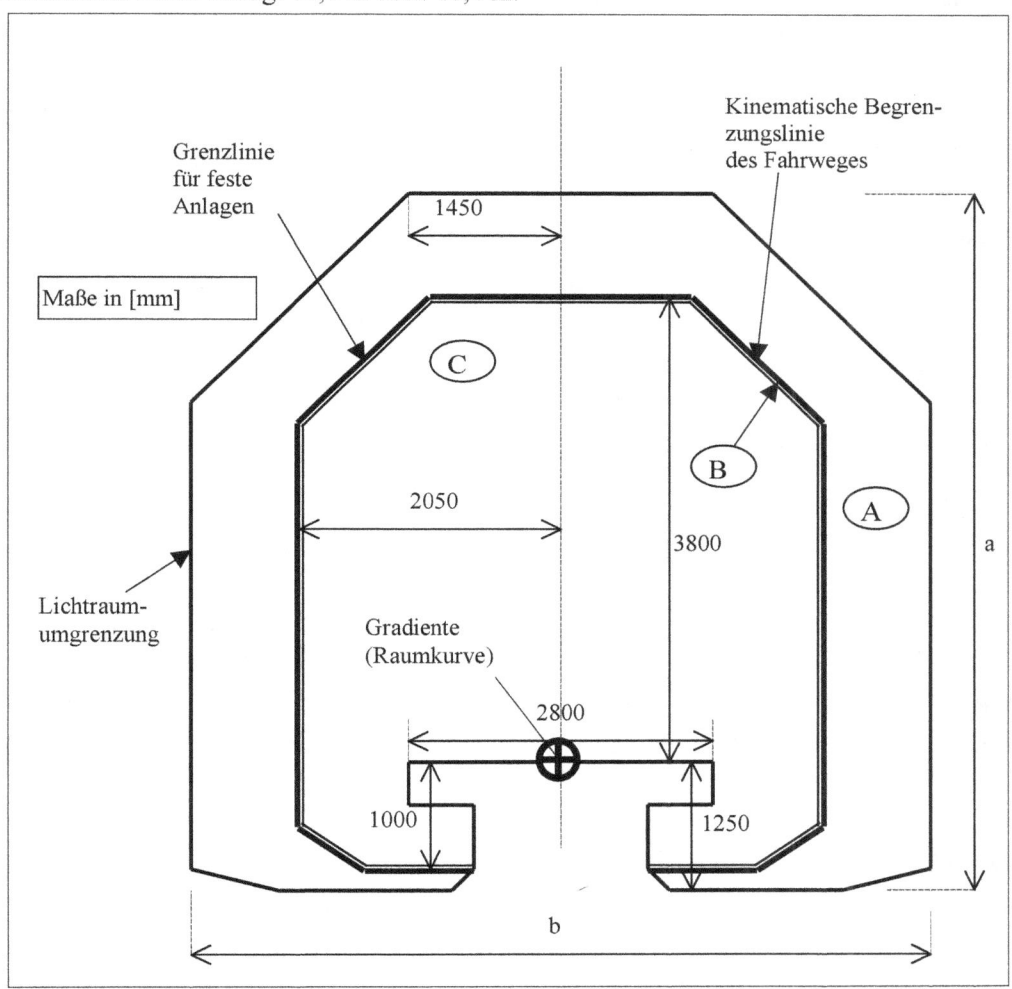

Bild 4.5: Lichtraumprofil für den Transrapid (eigene Darstellung, Quelle: Matthews 1998, S. 64)

In den Bereich A dürfen bauliche Anlagen, wie Bahnsteige, Rettungswege, Weichen und auch Anlagen bei Bauarbeiten hineinragen. Der Zwischenraum (Bereich B) entspricht dem Raumbedarf für die Fahrwegtoleranzen, die sich aus den unvermeidlichen Herstellungsungenauigkeiten erge-

---

[95] Die MbBO ist der erste von zwei Artikeln der Magnetschwebebahnverordnung vom 23.09.1997.

ben. Er ist im Lichtraumprofil mit einer Breite von 110 mm festgelegt. Der Bereich C stellt den kinematischen Raumbedarf des Fahrzeuges dar. Er ist grundsätzlich von jeglichen Einragungen freizuhalten, mit Ausnahme des Fahrgastwechsels und für Reinigungs- und Instandhaltungsarbeiten. Die Maße für die Mindesthöhe (a) und die Gesamtbreite des Lichtraums (b) sind abhängig von der Fahrzeuggeschwindigkeit. Bis zu Geschwindigkeiten von 400 km/h betragen sie 5,75 m (a) und 5,70 m (b), darüber (bis 500 km/h) 6,05 (a) bzw. 6,30 m (b).[96]

Die Querneigung der Fahrwegachse zur Reduzierung der Zentrifugalkräfte in den Kurven kann einen Winkel zur Horizontalen von bis zu 12° aufweisen. Die maximale Längsneigung ist mit 10 % deutlich höher als bei der Rad/Schiene-Technik. Bei Fahrwegtrassierungen, die auf eine maximale Betriebsgeschwindigkeit von 500 km/h ausgelegt sind, beträgt die Untergrenze für den Kurvenradius ca. 6500 m. Ein relativ günstiger Wert, der Hochgeschwindigkeitsfahrten auch auf Strecken mit hohen Kurvigkeiten[97] zuläßt.[98]

4.2.2 Bauweisen

Als Fahrweg für den Transrapid stehen unterschiedliche Bauformen zur Verfügung. Darüber hinaus gibt es Variationsmöglichkeiten hinsichtlich der zu verwendenden Baustoffe, so daß eine flexible Anpassung der Bauweise an die örtliche Situation möglich ist. Grundsätzlich wird natürlich eine möglichst kostengünstige Bauausführung angestrebt, indem so weit wie möglich Fertigteilkonstruktionen verwendet werden.

4.2.2.1 Aufgeständerter Fahrweg

Der aus Zweifeldträgern (auch Einfeldträger sind möglich) bestehende, aufgeständerte Fahrweg kann durch variable Stützenhöhen bis 20 m und Feldweiten von bis zu 35 m flexibel an die topographischen Gegebenheiten angepaßt werden. Er eignet sich für die Anwendung in unbebauten Gebieten, da hier zum Beispiel eine landwirtschaftliche Nutzung der Restflächen unterhalb des Fahrweges möglich ist. Diese Bauweise ist auch innerhalb gebauter Gebiete von Vorteil, da andere Verkehrswege problemlos unter dem Transrapidfahrweg hindurch geführt werden können. Zudem ist die Lärmbelastung durch die größere Höhe der Schallquellen für angrenzende Wohnviertel geringer.

Bei größeren Stützenhöhen als 20 m wird anstatt des aufgeständerten Regelfahrweges eine andere Bauform erforderlich. Hier haben sich Hohlpfeiler mit Hammerkopfstützen bewährt, so daß damit Stützenhöhen bis zu 40 m möglich sind. Falls noch größere Höhen überbrückt werden müssen und vor allem auch wenn die zu überspannenden Feldweiten größer sind als das Maximalmaß von 35

---

[96] Vgl. Matthews 1998, S. 64f.

[97] Die Kurvigkeit ist definiert als die Summe der Winkeländerungen einer Trasse bezogen auf deren Länge (Einheit: 1 gon/km).

[98] Vgl. TRI 2001 u. Matthews 1998, S. 95.

m, werden Sonderbauwerke (Brücken) erforderlich. Hier kommt dann auf einem Primärtragwerk der im folgenden beschriebene, sog. ebenerdige Fahrweg zum Einsatz.[99]

4.2.2.2 Ebenerdiger Fahrweg

Diese kostengünstigere Fahrwegform soll vorwiegend in Einschnitten, Tunneln, auf Primärtragwerken (Brücken und Stationsbauwerke) und bei bivalenten Fahrwegen angewendet werden. Anders als man es dem Namen nach vermuten könnte, handelt es sich dabei nicht um einen Fahrweg, welcher unmittelbar auf einem Planum aufliegt, sondern um auf Sockeln gelagerte Träger, deren Gleitebene zwischen 1,25 und 3,5 m über Geländeoberkante verläuft. Die auf einem durchlaufenden Streifenfundament (in Längsrichtung) gegründeten Sockel stehen in regelmäßigen Abständen, so daß Feldweiten von 6 bis 12 m möglich sind. Eine Nutzungsmöglichkeit des Geländes unterhalb der Fahrwegträger ist hier nur sehr bedingt gegeben. Allerdings reicht der Freiraum aus, um die Durchlässigkeit für Kleinlebewesen zu ermöglichen.

4.2.2.3 Baustoffe für die Fahrwegkonstruktion

Beim Bau des Fahrweges für die TVE fertigte man die Stützen und Träger zu Erprobungszwecken teilweise aus Spann- bzw. Stahlbeton und teilweise auch aus Baustahl.

Bei der Spannbetonbauweise (verwendete Betonfestigkeitsklasse C 35/45) werden nur die Träger vorgespannt, die A-förmigen Stützen werden in Ortbetonbauweise (Stahlbeton) erstellt. Die Gründung erfolgt bei schwierigen Untergrundverhältnissen mittels Ortbetonrammpfählen. Ansonsten sind aber in der Regel Flachgründungen möglich. Bei dieser Bauweise ist besonders auf die *formtreue* Vorspannung der Träger zu achten. Nur so werden plastische Verformungen vermieden, welche das Betriebsverhalten negativ beeinflussen würden. Durch ihre hohe Eigenmasse besitzen diese Spannbetonkonstruktionen sehr gute schwingungshemmende Eigenschaften, was vor allem dann, wenn das Fahrzeug bei Stillstand schwebt, sehr wichtig ist, da hier die Gefahr besteht, daß auch der Fahrweg anfängt mitzuschwingen.

Der Stahlfahrweg ist dem Betonfahrweg von der Konstruktion her sehr ähnlich. Zu unterscheiden ist dabei das Haupttragwerk - für welches die im Bauwesen üblichen Rohbaugenauigkeiten ausreichen - von den Funktionsflächen und –Komponenten. Für letztere sind wesentlich höhere Genauigkeitsanforderungen gegeben. Der Hauptträger ist dreiecksförmig ausgeführt. Er weist eine sehr hohe Torsionssteifigkeit auf. Ein von der Trassierung unabhängig verlaufender Rohruntergurt mit einem Deckblech, auf dem die Gleitebene integriert ist, stellt die statische Aussteifung der Konstruktion sicher.[100]

4.2.2.4 Neueste Entwicklungen – Der hybride Fahrweg

Im Zuge des mehrjährigen Testbetriebes auf der TVE stellte sich heraus, daß die beiden oben genannten Fahrwegformen nicht unerhebliche Nachteile aufweisen, was auf die jeweiligen baustoff-

---

[99] Vgl. TRI 2001 u. MVP 2001.
[100] Vgl. Heinrich, Kretschmar 1989, S. 21 ff.

spezifischen Eigenschaften zurückzuführen ist. Der Stahlfahrweg führt - neben seiner Korrosionsanfälligkeit und den damit verbundenen Instandhaltungsaufwendungen - zu erhöhten Schallemissionen; beim Betonfahrweg wirkt sich die geringe Dauerhaftigkeit der Vergußkörper nachteilig auf den Instandhaltungsaufwand aus. Daher wurde der sog. hybride Fahrwegträger entwickelt[101], bei dem für die diversen Funktionen jeweils der optimale Baustoff verwendet wird. Damit lassen sich günstigere Eigenschaften hinsichtlich der Gesichtspunkte Instandhaltungskosten, Lebensdauer und Schallemissionen erzielen.

Der hybride Fahrwegträger besteht aus einem Hauptträger in Spannbetonbauweise, stählernen Funktionsebenenträgern und Konsolen als Verbindungselemente. Der Spannbetonträger nimmt dabei die Haupttragfunktion wahr. Die zentrisch vorgespannten Spannbetonbauteile (Bauweise mit sofortigem Verbund) sind zusätzlich mit parabelförmig geführten Spanngliedern mit nachträglichem Verbund verstärkt. Der Funktionsebenenträger faßt die maßgebenden Elemente für die Systemtechnik des Transrapid (Gleitleiste, Statorbefestigung und Seitenführschiene) zusammen. Er wird in Stahlbauweise ausgeführt, da mit diesem Baustoff die geringen zulässigen Toleranzen bei den Systemkomponenten am besten eingehalten werden können. Die hier auftretenden Lasten werden über Konsolen mit einem redundant aufgebauten System aus vorgespannten Schrauben und Paßbolzen in den Hauptträger abgeleitet.

Der hybride Fahrwegträger erfüllt höchste Genauigkeitsanforderungen. Maßgebend für die Bemessung ist nicht - wie sonst im Brückenbau üblich - der Grenzzustand der Tragfähigkeit, sondern der sich aus den Beschränkungen für die Bauteilverformungen ableitende Grenzzustand der Gebrauchstauglichkeit[102]. Die Bemessungsgrundlage bilden die verschiedenen zu erwartenden Lastfälle, wobei die ungünstigste Kombination für die Bauteildimensionierung zugrunde gelegt wird. Maßgebend sind hier neben den ständig wirkenden Eigenlasten der Konstruktionsteile vor allem die Einwirkungen aus Temperaturänderungen[103], Wind und Schnee sowie aus dem Fahrbetrieb (Verkehrslasten) einschließlich der Erhöhungsfaktoren für die bei Transrapidüberfahrten hervorgerufenen dynamischen Schwingungen des Fahrweges.

Versuchsweise integrierte man bereits 1999 einen Prototypträger des hybriden Fahrweges in die TVE. Seine Vorteile gegenüber den beiden früheren Entwicklungen überzeugten offenbar auch die chinesischen Ingenieure, so daß die erste Anwendungstrecke in Schanghai mit diesem innovativen Fahrwegträgersystem ausgestattet wurde. Hierbei spielte auch die Möglichkeit der Serienfer-

---

[101] Für die Entwicklung des hybriden Fahrwegträgers zeigt sich die Transrapid Guideway Consulting Group (TGC), ein Konsortium bestehend aus dem Ingenieurbüro CBP GmbH sowie den Baufirmen Max Bögl und vdW, verantwortlich.

[102] Der Grenzzustand der Tragfähigkeit kennzeichnet die rechnerische Grenze, ab der ein Versagen eines Konstruktionsteiles (Bruch- oder Stabilitätsversagen) eintritt. Im Gegensatz dazu gilt der Grenzzustand der Gebrauchstauglichkeit bereits als erreicht, wenn Einwirkungen einzelne Bauteile oder das Gesamtbauwerk unbrauchbar werden lassen, ohne daß dabei die Tragfähigkeit schon verloren gegangen ist.

[103] Auch hier wurde mit 22 K ein ungünstigerer Wert für den Temperaturgradienten zwischen Ober- und Unterseite angenommen, als in der DIN 1072 (Lastannahmen für Straßen- und Wegbrücken, Tab. 3) bzw. der DS 804 (Eisenbahnbrücken und sonstige Ingenieurbauwerke) vorgegeben.

tigung eine Rolle – für die gesamte Strecke werden nur zwei verschiedene Trägertypen verwendet -, so daß eine kostengünstige Produktion erfolgen kann.[104]

4.2.3 Weichen

Während bei der Rad/Schiene-Technik die Richtungsänderung bei Weichen durch das Bewegen der Zungen erfolgt, folgen die Weichen des Transrapidfahrweges dem Prinzip der Schleppweiche[105]. Der Funktionsweise dieser sog. Stahlbiegeweichen liegt die hohe elastische Verformungsfähigkeit der verwendeten Stahlträger zugrunde. Mittels elektromechanischer (oder seltener elektrohydraulischer) Antriebe werden diese gebogen und in den Endlagern sicher verriegelt. Erst dann kann ein Zug die Weiche überfahren.

Die Stahlbiegeträger weisen eine Länge von 75 bis 148 m auf. Sie werden soweit gebogen, daß der Abstand zwischen Zweig- und Stammfahrweg (von den Mittelachsen aus gemessen) 3,60 m beträgt. Die elastische Biegung des Trägers wird an mehreren Stellorten vollzogen, an denen er auf Rollen bewegt wird.

Für den Spurwechsel existieren zwei Varianten von Weichen, deren Anwendung hauptsächlich von der gewünschten Geschwindigkeit im Zweigfahrweg abhängig ist. Wie bei herkömmlichen Weichen für Eisenbahnen braucht die Geschwindigkeit im Stammfahrweg nicht reduziert zu werden.

Beide Weichentypen sind auf der TVE eingebaut und haben jahrelange Testversuche problemlos bestanden, so daß sich anfängliche Bedenken, ob sich die Fahrwegkonstruktion des Transrapid auch für Spurwechsel eignet, als überflüssig erwiesen haben. Nichtsdestotrotz kann erst ein realer, dauerhafter Betriebseinsatz zeigen, ob die Erwartungen hinsichtlich Witterungsunabhängigkeit, Dauerhaftigkeit, Verschleißarmut und Verfügbarkeit erfüllt werden können.

Der Weichentyp der Langsamfahrweichen ist für Geschwindigkeiten im Abbiegestrang von bis zu 100 km/h zugelassen und kann als Dreiwegeweiche ausgeführt werden, so daß neben dem Stammfahrweg links und rechts ein Zweigfahrweg befahren werden kann. Anders als die Langsamfahrweichen können die Schnellfahrweichen (Bild 4.6) nur als Zweiwegeweiche ausgebildet werden. Dafür kann der Zweigfahrweg aber mit der doppelten Geschwindigkeit, also 200 km/h, befahren werden. Diese Bauform eignet sich zudem für die Anordnung von Überleitstellen. Voraussetzung dafür ist ein zweispuriger Fahrweg, bei dem mittels zweier hintereinander geschalteter Zweiwegeweichen eine Überleitverbindung hergestellt werden kann, die den Gleiswechselbetrieb ermöglicht. Somit braucht zum Beispiel bei Bauarbeiten oder anderen Störfällen an einem Fahrweg auf dessen Nutzung nicht vollständig verzichtet werden. Lediglich im Bereich der Problemstelle weicht man auf den Gegenfahrweg aus. Die maximal zulässige Geschwindigkeit bei einer solchen Überleitstelle beträgt der Zweigfahrweggeschwindigkeit entsprechend 200 km/h.[106]

---

[104] Vgl. Feix, Brylka 2002, S. 22-26.

[105] Vgl. Fiedler 1999, S.123, 372.

[106] Vgl. MVP 2001.

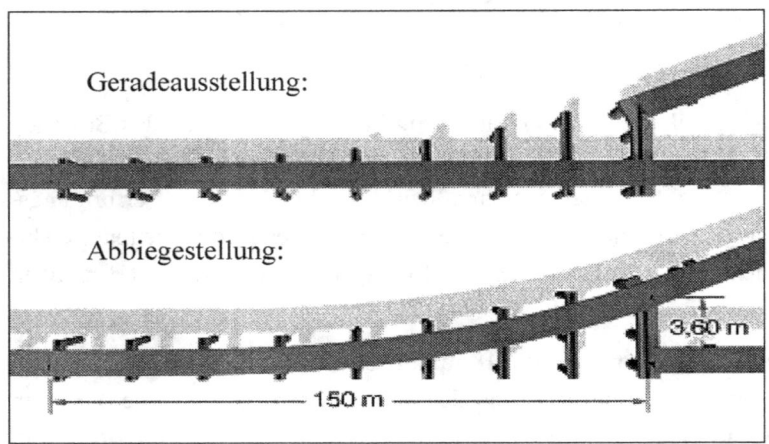

Bild 4.6: Prinzipdarstellung einer Schnellfahrweiche (Quelle: TRI 2001)

4.2.4 Möglichkeiten und Grenzen der Verknüpfungsfähigkeit mit anderen Verkehrsmitteln

Die Akzeptanz und die Wirtschaftlichkeit des Transrapid hängen maßgeblich von seiner Einbindung in das Gesamtverkehrsnetz ab und damit konkret von der Erreichbarkeit seiner Stationen. Kurze Umsteigezeiten sind die Voraussetzung dafür, daß der Transrapid im Wettbewerb mit ICE, Flugzeug und PKW bestehen kann. Dazu ist es erforderlich, die Transrapidstrecken möglichst günstig an die Verkehrsknotenpunkte mit den größten Verkehrsaufkommen, also vornehmlich die Hauptbahnhöfe in den Ballungsräumen, anzubinden. In diesem Zusammenhang spielt der Flächenbedarf des Fahrweges eine entscheidende Rolle. Der Platzbedarf ist hierfür etwas größer als der für eine vergleichbare Neubaustrecke. Dies stellt allerdings kein großes Problem dar, da es wohl ohnehin in den allermeisten Fällen erforderlich werden wird, den Transrapidfahrweg an bereits bestehende Korridore für andere Verkehrswege anzupassen. Der Neubau einer Trasse mitten durch dichtbesiedelte Gebiete scheint nur in Ausnahmefällen möglich zu sein.

Zur Bündelung des Transrapidsystems mit anderen Verkehrsträgern wurde der sog. bivalente Fahrweg entwickelt. Der Vorteil liegt darin, daß durch die nebeneinander geführten Verkehrswege geringere Eingriffe in die Landschaft erforderlich sind. Anstatt für zwei Verkehrswege braucht bei dieser Verknüpfung nur der Raum für *einen*, breiteren Fahrweg in Anspruch genommen werden. Der bestehende Korridor müßte dann gegebenenfalls „nur" erweitert werden, damit für den Transrapid ausreichend Platz zur Verfügung steht. Dies führt zu Kosteneinsparungen gegenüber einer isolierten neuen Trasse für den Transrapid, vor allem durch geringere Aufwendungen für den Grundstückserwerb. Zudem kann die Infrastruktur des einen Fahrweges für den Bau und die Instandhaltung des anderen verwendet werden.

Mehrere Varianten sind bei der Verknüpfung des Transrapidfahrweges mit Eisenbahntrassen denkbar. Diese sind zum einen die Parallelführung des Transrapidfahrweges auf eigener Trasse oder auf einer Sondertrasse, die zugleich auch von konventionellen Eisenbahnen befahren werden kann, oder zum anderen aber auch die Verfrachtung des Transrapid in eine andere Ebene[107] als die des bestehenden Schienenfahrwegs. Dazu könnten mit einer Tunnellösung tieferliegende Bahnhofsebenen erreicht werden. Denkbar ist aber auch die Variante, bei welcher der aufgeständerte Fahrweg des Transrapid über einer Eisenbahntrasse geführt wird. Diese beiden letztgenannten Varianten sind natürlich sehr aufwendig und kostenintensiv, dafür nehmen sie aber kaum zusätzlichen Platz in Anspruch, so daß sie wohl in Sonderfällen mit sehr beengten Verhältnissen eingesetzt werden könnten.

In der Praxis läßt sich diese Anpassung des Transrapidfahrweges an andere, bereits bestehende Verkehrswege aber nur schwierig realisieren. Allein schon aufgrund der unterschiedlichen Betriebsgeschwindigkeiten ergeben sich andere Kurvenradien für den Transrapid als zum Beispiel für eine Autobahntrasse[108]. Dadurch würden hohe Kosten für die dann vielfach erforderlichen planfreien Kreuzungsbauwerke entstehen. Daher scheint hier bei den sog. „Stadteinfahrten" ein Hauptproblem für die Transrapidtechnologie zu liegen.

4.3   Trassierungselemente der beiden Fahrwege

Besondere Bedeutung für die Akzeptanz und Wirtschaftlichkeit eines Verkehrsweges kommt seiner Linienführung in Grund- und Aufriß zu. Die optimale Einpassung in die Landschaft ist nicht nur aus rein optischen Gründen erstrebenswert, sie ist vor allem auch eine Kostenfrage, die für die Durchsetzung eines derartigen Verkehrsprojektes entscheidend ist.

Gerade die für Schnellbahntrassen ungünstige Topographie der deutschen Mittelgebirge, durch die einen Großteil der Trassenkorridore der Gegenwart und Zukunft gezwungenermaßen führen müssen, erfordert einen hohen Anteil an Kunstbauten (Dämme, Einschnitte, Tunnel- und Brückenbauwerke), die natürlich im Vergleich zur freien Strecke erheblich kostenintensiver sind. Daher sollte bei der Fahrwegtrassierung der Anteil dieser Kunstbauten an Zwangsstellen durch günstige Trassierungsparameter minimiert werden können, ohne daß dabei durch größere Umwege die Streckenlänge zu sehr anwächst.

Maßgebliche Gesichtspunkte für die Trassierung einer Schnellbahnstrecke sind neben den Vorgaben aus dem Betriebsprogramm die Entwurfsgeschwindigkeit sowie die örtlichen Gegebenheiten hinsichtlich Geländemorphologie und Bebauungssituation. Grundsätzlich ist die optimale Form der Linienführung für ein Bahnsystem die horizontale Gerade. Diese läßt sich jedoch natürlich nicht beliebig in die Landschaft einpassen, so daß in weiten Teilen von dieser Form abgewichen werden muß. Hierbei spielen die zulässigen Trassierungsparameter eines Fahrweges die entscheidende Rolle. Tabelle 4.1 zeigt die Trassierungselemente der Fahrwege von Transrapid und ICE im Vergleich.

---

[107] Dieses Konzept wird in Japan erfolgreich mit dem Rad/Schiene-Zug Shinkansen verfolgt.

[108] In Teilbereichen ist diese Parallelführung aber möglich, wie das Beispiel Frankreich zeigt. Dort verlaufen über 200 km der NBS seitlich entlang von Autobahnen. Auch die neue NBS Köln-Rhein/Main verläuft über weite Strecken in enger Bündelung zur BAB A3.

Tabelle 4.1: Zusammenstellung der Trassierungsparameter (Quelle: TRI 2001 u. Rath 1993, S. 41)

Trassierungsparameter	ICE-Fahrweg	Transrapid-Fahrweg
Maximale Längsneigung auf der freien Strecke [%]	1,25 bei Mischbetrieb 4,0 bei artreinem Verkehr	10
Maximale Längsneigung im Bahnhofsbereich [%]	0,25 (0,15 bei den Überholungsbahnhöfen der NBS)	0,5
Minimaler Kurvenhalbmesser [m]	7000 bei Mischbetrieb 5100 bei artreinem Verkehr	4000 bei v < 400 km/h 6000 bei 400 km/h < v < 500 km/h
Erforderlicher Tunnelquerschnitt (Doppelspur) [m²]	81	70 bei zul v = 250 km/h 120 bei zul v = 450 km/h
Gleis- bzw. Spurmittenabstand [m]	4,70	4,40 bei zul v = 300 km/h 5,10 bei zul v = 500 km/h
Maximale Querneigung [Altgrad]	6,8° (= einer Überhöhung von 170 mm)	12,0°
Zulässige unausgeglichene Seitenbeschleunigung [m/s²]	0,85 (in Ausnahmefällen: 1,0)	1,5 (bei Weichen: 2,0 (Ruck!))

Wichtigstes Merkmal in diesem Zusammenhang ist die größte zulässige Längsneigung bei den jeweiligen Fahrwegen, da sich dadurch der erforderliche Anteil an kostspieligen Kunstbauwerken (Brücken, Tunnel etc.) ergibt. Hier schneidet der Transrapid deutlich besser ab, so daß bei bergigem Gelände direktere Verbindungen und damit kürzere Streckenlängen möglich sind.

4.4 Vergleichende Zusammenfassung

Der ICE kann relativ problemlos (einige Detailprobleme, z. B. die Anpassung der Bahnsteighöhe, gibt es auch hier) die vorhandenen Bahnhöfe für Schienenfahrzeuge nutzen. Der Transrapid ist breiter als der ICE. Dieser Vorteil hinsichtlich der Innenraumgestaltung wirkt sich bei der Trassenfindung im Grundriß negativ aus, da er mit seiner „Spurweite" von 2800 mm (gegenüber 1435 mm beim ICE) einen größeren Platzbedarf in Anspruch nimmt, was sich insbesondere bei den notwendigen Bahnhofsumgestaltungen negativ auswirkt. Zur Bündelung der Verkehrswege steht der bivalente Fahrweg zur Verfügung. Dadurch lassen sich Trassenkorridore ggf. gemeinsam nutzen.

Beim Transrapid werden hohe Qualitätsanforderungen an den Fahrweg gestellt, um die Lagegenauigkeit der Funktionskomponenten zu gewährleisten und den erhöhten Steifigkeitsanforderungen zu entsprechen. Verformungen aus unvermeidlichen Baugrundsetzungen müssen schnell ausgeglichen werden können, weshalb bestimmte Bereiche nachjustierbar ausgeführt werden. Der Fahrweg des Transrapid ist, da er den Großteil der technischen Ausrüstung in sich aufnimmt, wesentlich komplexer aufgebaut als der einer konventionellen Eisenbahn. So sind die durchgeführten Versuche an den Bauteilkomponenten für den Transrapidfahrweg vom Aufwand her durchaus mit denen für die ICE-Fahrzeuge vergleichbar.

Der häufige Mischbetrieb (ICE, langsamere Personen- und Güterzüge) auf den Neubaustrecken erhöht zwar die Nutzungsmöglichkeiten dieser Verkehrswege für den Betreiber (DB AG), für den ICE allerdings wirkt sich dieser Umstand sehr negativ auf seine Konkurrenzfähigkeit aus (vgl. Kap. 7.2.3). Der Fahrweg wird durch die zusätzlichen schweren Lasten aus dem Güterverkehr wesentlich stärker abgenutzt. Der hauptsächliche Nachteil des Mischbetriebes besteht in dem Erfordernis, die Trassierung an diese Gegebenheit anzupassen. Die maximale Längsneigung darf lediglich 1,25 % betragen anstatt 4 % bei artreinen NBS für den Hochgeschwindigkeitsverkehr. Die zulässige größte Überhöhung kann nur mit 45 mm (statt 85 mm) eingebaut werden. Im Gegensatz dazu kann der Transrapidfahrweg speziell auf seine Bedürfnisse ausgerichtet werden, da er nur von einem Fahrzeugtyp verwendet wird.

Die Ausbaustrecken genügen den Anforderungen des ICE an einen Fahrweg nur unzureichend, da er seinen größten Vorteil, die hohe Geschwindigkeit, nicht voll ausspielen kann. Dafür sind sie aber aufgrund der relativ geringen Investitionskosten als *Übergangslösung* geeignet.

Was die Trassierungsmöglichkeiten anbelangt wirkt sich die maximal zulässige Längsneigung von 10 % beim Transrapid erheblich günstiger aus als die 4 % bei Rad/Schiene-Fahrwegen. Zudem sind etwas kleinere Kurvenradien möglich. Die Trassierung kann somit deutlich besser an die topographischen Gegebenheiten angepaßt werden. Brücken- und Tunnelbauwerke werden nur in Gebieten mit sehr hoher Reliefenergie erforderlich. Dadurch sind die zu erwartenden Baukosten für diesen Fahrweg in welligen und leicht bergigen Gebieten geringer als die für eine NBS aufgrund des geringeren Anteils an Kunstbauten.[109]

Der Aufwand für die Fahrweginstandhaltung fällt beim Transrapid aufgrund der flächenförmigen vertikalen und horizontalen Lastabtragung aus dem Fahrbetrieb deutlich geringer aus. Die punktförmige Lastübertragung vom Fahrzeug auf den Fahrweg beim Rad/Schiene-System wirkt sich wesentlich ungünstiger auf die Verschleißerscheinungen aus. So beträgt die statische Last aus der Tragfunktion beim ICE zwischen 5000 und 1000 kg/cm² (Die große Bandbreite ergibt sich aufgrund der stark schwankenden dynamischen Beanspruchung), beim Transrapid dagegen nur 1 kg/cm²[110].

Insgesamt kann das Fahrwegangebot - insbesondere die unterschiedlichen Variationen der Festen Fahrbahn - für den ICE als technisch ausgereifter angesehen werden. Beim Transrapidfahrweg besteht noch ein größeres Entwicklungspotential, welches wohl erst durch Erfahrungswerte aus dem realen Anwendungsbetrieb richtig ausgeschöpft werden kann.

---

[109] In dieser Hinsicht war die geplante Transrapidverbindung Berlin-Hamburg als erste Anwendungsstrecke denkbar schlecht gewählt.

[110] Quelle: IFB 2001.

5 Technische Ausrüstung

5.1 Antriebs- und Bremssysteme

5.1.1 Allgemeines

Als Antriebsaggregate in spurgeführten Verkehrsmitteln werden vorrangig Verbrennungskraftmaschinen und Elektromotoren angewendet, wohingegen die früher weitverbreiteten Dampfmaschinen heutzutage keine Rolle mehr spielen. Sowohl die drei Generationen des ICE als auch der Transrapid sind mit Elektromotoren ausgestattet (vgl. Anhang 3). Lediglich der Neigetechnik-ICE für nicht elektrifizierte Strecken (ICE TD) wird durch einen dieselelektrischen Motor angetrieben.

Die allgemeinen Anforderungen eines Hochgeschwindigkeitszuges an sein Antriebssystem lassen sich wie folgt definieren.

- Hoher thermischer und technischer Wirkungsgrad
- Hohe Leistungsfähigkeit bei gleichzeitig geringem Verbrauch an Energie bzw. Brennstoffen
- Geringe Umweltbeeinträchtigungen durch Schadstoffemissionen oder Lärm
- Hohe Verfügbarkeit, geringer Wartungsaufwand und lange Lebensdauer
- Geringe Herstell- und Betriebskosten

Genauso wichtig wie die schnelle Beschleunigung der Hochgeschwindigkeitsbahnen sind die Einrichtungen zur Verzögerung der Züge - und das nicht nur aus Sicherheitsgründen. Leistungsfähige Bremssysteme ermöglichen auch kürzere Fahrzeiten, da der Zeitpunkt des Anbremsens vor einer Langsamfahr- oder Haltestelle nach hinten verlegt werden kann.

5.1.2 Antriebssystem beim ICE

Der ICE 3 wird mittels gehäuseloser Drehstromasynchronmotoren mit Käfigläufer (das sind Kurzschlußkäfige aus Kupferstäben[111]) angetrieben, die im Fahrzeug selbst eingebaut sind. Die fremdbelüfteten Fahrmotoren verfügen über Ventilatoren im Untergestell, die eine Überhitzung verhindern sollen. Pro Triebachse ist ein Motor quer zu Fahrtrichtung angeordnet, dessen Leistung 500 kW beträgt. Die maximale Drehzahl liegt bei 6000 U/min. Die Leistungsübertragung auf die Achsen erfolgt über Bogenzahnkupplungen, von denen jeweils eine pro Radsatz installiert ist. Ein Triebdrehgestell verfügt über zwei Triebachsen. Diese angetriebenen Achsen befinden sich jeweils nur unter den End- und Stromrichterwagen. Transformator- und Mittelwagen sind nicht motorisiert, so daß insgesamt 50 % der Achsen des ICE 3 angetrieben werden. Die gesamte Traktionsleistung eines Halbzuges beträgt daher 8000 kW.

---

[111] Vgl. Czichos 2000, S. G64.

Die Motoren sind über die Bogenzahnkupplungen und das Getriebe mit den Achsen verbunden. Das Getriebe besteht aus einem Aluminiumgußgehäuse mit Lagertragringen. Es weist ein Übersetzungsverhältnis von 2,78:1 (ein relativ hoher Wert) auf, um die Antriebsmassen gering halten zu können. Die Halterungen an den Drehgestellquerträgern sind elastisch ausgeführt, so daß man in vertikaler Richtung von einer Primärfederung von Motor und Getriebe sprechen kann.[112]

Die obigen Ausführungen beziehen sich vorrangig auf den ICE 3. Sie gelten sinngemäß auch für den ICE T, wobei hier nur ein Radsatz (jeweils der zur Wagenmitte hin gelegene) pro Triebgestell angetrieben wird. Der Grund dafür liegt in dem geringeren Platzangebot in den Neigetechnikdrehgestellen. Ansonsten gibt es hinsichtlich der Funktionsweise keine Unterschiede zum ICE 3. Wassergekühlte GTO-Stromrichter bedienen zusammen mit dem als Vierquadrantenstellern ausgeführten Eingangsstromrichter den Pulswechselrichter. Von diesem werden die Asynchronmotoren (Einzelleistung 500 kW) mit elektrischer Energie gespeist.

Beim ICE TD gibt es einige Unterschiede, da er - wie der Name schon sagt - über einen dieselelektrischen Antrieb verfügt. Unter jedem seiner Wagen befindet sich ein Dieselmotor, der über Generatoren, Gleich- und Traktionswechselrichter die Drehstromasynchronmotoren speist. Die Fahrmotoren sind hier komplett in den platzsparenderen, neuentwickelten Drehgestellen untergebracht. Daher konnte man hier auf schwere Bauteile wie Gelenkwellen und Kegelrad verzichten, so daß die maximale Radsatzlast mit 14,5 Mg niedriger ausfällt als beim ICE T. Die sog. Cumminsdieselmotoren stellen als Antriebsleistung jeweils 425 kW zur Verfügung, woraus sich eine Traktionsleistung von 1700 kW für den ganzen Zug ergibt.[113]

Die für den Antrieb benötigte Energie kann elektrischer (ICE 3 und ICE T) oder chemischer (ICE TD) Herkunft sein. Die Hauptaufgabe der Antriebseinrichtung liegt darin, diese Energie in Zugkraft umzuwandeln. Die Aufgabe der Leistungsübertragung ist dabei die Drehmomentwandlung und dessen Weiterleitung an die angetriebenen Achsen.

Die Asynchronmotoren machen mit ca. 7 % des Fahrzeuggewichtes (2,27 kg/kW) ungefähr 13 % der Kosten für einen ICE 3 aus.[114]

5.1.3 Bremssysteme beim ICE

Mehrere unterschiedliche Bremssysteme kommen beim ICE zum Einsatz. Daher regelt ein zentrales Bremssteuergerät die Verzögerungsleistung.

Sämtliche Wagen des ICE 3 sind mit pneumatischen Scheibenbremsen ausgestattet. Dabei werden an die Räder gekoppelte Bremsscheiben aus warmgewalzten Stählen mittels Reibungskontakt zu Bremsbelägen aus Sintermetall abgebremst. Diese Bremse wird vor allem als Ergänzung in sehr hohen und in sehr niedrigen Geschwindigkeitsbereichen sowie als Rückfallebene eingesetzt.[115]

---

[112] Vgl. Siemens AG 2001 u. Martinsen, Rahn 1997, S. 160f.

[113] Vgl. Siemens AG 2001.

[114] Quelle: IFB 2001.

[115] Vgl. Martinsen, Rahn 1997, S. 162f.

Die Hauptverzögerungsarbeit verrichten die generatorischen Bremsen, die natürlich nur in den angetriebenen Wagen enthalten sind. Hierbei kommt dem ICE 3 sein Triebwagenzugkonzept zugute, da er damit über eine große Zahl an gleichmäßig verteilten Fahrmotoren verfügt, die beim Bremsen als Generator dienen und Strom in die Fahrleitung zurückspeisen. Die Bremsleistung verteilt sich daher sehr gut auf die gesamte Fahrzeuglänge. Der Anteil der zurückgespeisten Energie ist vergleichsweise gering, lediglich 10 –12% werden auf normalen Strecken wieder ins Netz abgegeben. Diese Energiemenge deckt ungefähr den Anteil des Bedarfs der Hilfseinrichtungen (Heizung, Informationssystem, Restaurant, Beleuchtung) im Fahrzeug ab. In den ausländischen Stromnetzen ist diese Möglichkeit allerdings nur begrenzt oder gar nicht vorhanden. Der Hauptvorteil der generatorischen Bremse liegt aber ohnehin nicht in der Möglichkeit Energie zurückzugewinnen, sondern in ihrer Verschleißfreiheit. Neben den beiden oben genannten haftwertabhängigen Bremssystemen kommt im ICE 3 erstmals die lineare Wirbelstrombremse zur Anwendung. Sie ist jeweils in den Drehgestellen unter den nicht angetriebenen Wagen angebracht. Bei dieser Bremse werden erregte Elektromagnete bis auf etwa fünf Millimeter über der Schienenoberkante abgesenkt. Durch die dabei entstehende Induktion werden Wirbelströme erzeugt, deren Kraftwirkung im magnetischen Feld zu einem bewegungshemmenden Drehmoment führt.[116]

Der Nachteil dieser kraftschlußunabhängigen Wirbelstrombremse liegt darin, daß sie bei Dauereinsätzen den Gleiskörper sehr stark erwärmt. Dieser hohen thermischen Belastung wären die älteren Bestandsstrecken nicht gewachsen gewesen, so daß man bei den ersten beiden ICE-Generationen auf diese Bremse verzichtete (obwohl sie bereits im ICE V eingebaut war). Erst im ICE 3, der nur auf geeigneten Neu- und Ausbaustrecken verkehrt, kommt sie zum Einsatz.

Ein zweiter Grund für die verspätete Anwendung der Wirbelstrombremse hängt mit deren Störwirkung auf die signaltechnischen Anlagen zusammen. Erst die neueren Signalsysteme sind resistent gegen die Beeinflussungen durch die Wirbelströme.[117]

Da der ICE T und der ICE TD überwiegend auf nicht ausgebauten Strecken eingesetzt werden, fehlt bei ihnen auch die Wirbelstrombremse. Dafür sind sie mit Magnetschienenbremsen (wie auch ICE 1 und 2) ausgestattet, die sich aufgrund ihres hohen Verschleißaufkommens vorwiegend nur für Notbremsungen eignen. Wie die Wirbelstrombremse ist diese vom Haftwert unabhängig, im Gegensatz dazu aber werden bei ihr die Magnete unmittelbar auf die Schiene pneumatisch abgesenkt. Die dadurch entstehenden Reibungskräfte zwischen Magnet und Schiene bewirken eine Verzögerung des Zuges.[118]

5.1.4 Antriebs- und Bremssystem des Transrapid

Das berührungsfreie Trag-, Führ- und Antriebssystem des Transrapid basiert auf dem Prinzip des elektromagnetischen Schwebens (EMS). Eine Besonderheit der technischen Ausrüstung beim Transrapid liegt darin, daß seine Antriebseinrichtung zugleich die Aufgaben eines Bremssystems

---

[116] Vgl. Falk 1997, S. 555.

[117] Vgl. Gralla 1999, S. 55ff.

[118] Vgl. Beitz, Grote 2001, S. Q75.

übernimmt. Die haftwertunabhängige Übertragung der Schub- und Bremskräfte wird durch einen eisenbehafteten synchronen Langstator-Linearmotor realisiert. Die primären Antriebsteile dieses Motors befinden sich beidseitig am Fahrweg. An die dort hintereinander angebrachten, ferromagnetischen Statorpakete (Reaktionsschienen) werden die fahrzeugseitigen Tragmagnete elektromagnetisch angezogen. Diese Statorpakete stellen die korrespondierenden Reaktionselemente zu den Erreger- und Tragmagneten des Fahrzeugs dar. Sie bestehen aus mehreren zusammengeklebten, ca. einen Meter langen Blechpaketen (daher der Begriff „eisenbehaftet"), in deren Nuten die dreiphasige Wanderfeldwicklung befestigt ist. Diese wiederum besteht hauptsächlich aus drei Kabelsträngen mit Aluminium (alternativ auch Kupfer) als Leitmaterial.

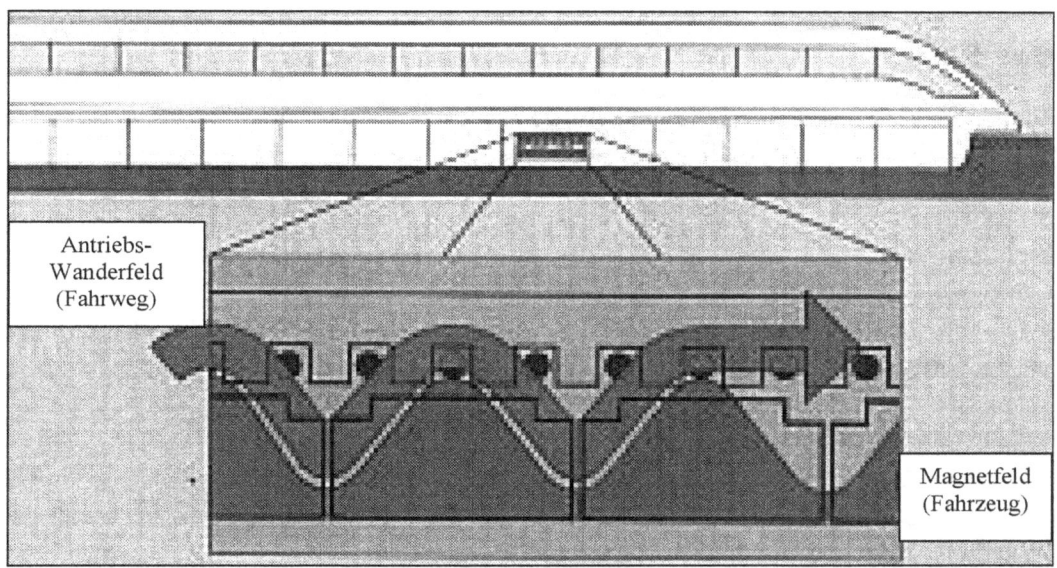

Bild 5.1: Prinzipdarstellung des Langstators (Quelle: TRI 2001)

Der Langstator-Linearmotor des Transrapid funktioniert wie ein klassischer Elektromotor, dessen Stator aufgeschnitten und gestreckt wurde. Grundsätzlich ist der Linearmotor eine elektrische Maschine zur Umwandlung von elektrischer in mechanische Energie, wobei translatorisch (d.h. parallel verschieblich) wirkende Antriebskräfte erzeugt werden. Statt eines magnetischen Drehfeldes erzeugt der Strom in den Wicklungen ein magnetisches Wanderfeld, welches im Zusammenwirken mit den Reaktionsteilen lineare Schubkräfte erzeugt und somit das Fahrzeug fortbewegt. Bild 5.1 zeigt den prinzipiellen Aufbau eines Langstatormotors. Der Primärteil befindet sich im Fahrweg und ist stromdurchflossen. Im Fahrzeug befindet sich der Sekundärteil (Magnete). Nur dieser kurze, vom Sekundärteil abgedeckte Abschnitt trägt zur Stromerzeugung bei. Der Antriebsschub läßt sich stufenlos und ohne ein Rucken regeln, indem man die Stärke (0-10 kV) und Frequenz (0-270 Hz) des Drehstromes verändert. Ändert man die Kraftrichtung des Wanderfeldes, so kehren sich die Schubkräfte um und es entsteht eine abbremsende Wirkung.

Nur der jeweilige Fahrwegabschnitt, in dem sich das Fahrzeug befindet, ist eingeschaltet. Im Bereich von Steigungs- und Beschleunigungsstrecken wird dementsprechend eine höhere Leistung installiert. Somit braucht der Transrapid nicht immer (wie z.B. der ICE) die volle Motorenlast mitzuschleppen.[119] Die Antriebsleistung wird weder durch die Zuladung noch durch die Fahrzeuglänge begrenzt; diese beiden Faktoren beeinflussen aber den Energieverbrauch. Die Erregung des Motors wird dabei, vom Fahrzeuggewicht abhängig, bestimmt.

Zusätzlich zur Bremswirkung des Linearmotors verfügt der Transrapid für den Fall eines Stromausfalls über eine Wirbelstrombremse, die ihn auf eine Geschwindigkeit von ca. 10 km/h abbremst. Zum Stillstand kommt das Fahrzeug dann dadurch, daß es auf die Tragkufen abgesenkt wird und auf der Gleitebene mechanisch durch Reibung verzögert wird.[120] Als drittes unabhängiges Bremssystem können die mit Bremskufen versehenen Magnete angesehen werden, die an die Führschiene angelegt werden, so daß eine frei regelbare mechanische Bremswirkung entsteht.[121]

5.2 Energetische Aspekte

Die DB AG verfügt über ein eigenes 110 kV-Energieversorgungsnetz, auf das der ICE zurückgreifen kann. Der Transrapid muß dagegen aus dem öffentlichen Stromnetz gespeist werden.

5.2.1 Energieversorgung des ICE 3 und ICE T

Der ICE verfügt über identische Hauptstromschaltungen für die Traktions- und Bordnetzenergieversorgung. Bedingt durch das Triebwagenkonzept unterscheidet sich die elektrische Ausrüstung von ICE 3 und ICE T von den beiden ersten ICE-Generationen mit dem Triebkopfzugkonzept. Die folgende Darstellung beschränkt sich auf die neueren Modelle.

5.2.1.1 Hauptstromversorgung für die Traktionsausrüstung

Das Blockschaltbild der Hauptstromschaltung für einen Stromrichterwagen des ICE 3 ist in Bild 5.2 dargestellt. Die aus dem DB-Netz (Sammelschiene mit 15 kV, $16^2/_3$ Hz) stammende, elektrische Energie gelangt über die Fahrleitung und die Stromabnehmer zum Transformatorwagen, wo sie einer Umspannung unterzogen wird. Von dort übernehmen zwei parallel geschaltete Vierquadrantensteller die Einspeisung in den Zwischenstromkreis. Die Ausführung der Stromrichter als Vierquadrantensteller ermöglicht die Einstellung des Ausgangssignals in allen vier Quadranten der Stromspannungsebene. Das bedeutet, daß der angeschlossene Fahrmotor sowohl vorwärts als auch rückwärts antreiben *und* bremsen kann.

Die vier Fahrmotoren eines angetriebenen Wagens sind parallel geschaltet. Gespeist werden sie aus einem Pulswechselrichter mit variablen Spannungen und Frequenzen. Neben den Stützkondensatoren und dem Saugkreis ist im Zwischenstromkreis der Steller für die Wirbelstrombremsen angeschlossen.

---

[119] Vgl. TRI 2001.

[120] Vgl. MVP 2001 und TRI 2001.

[121] Vgl. Rath 1993, S. 63.

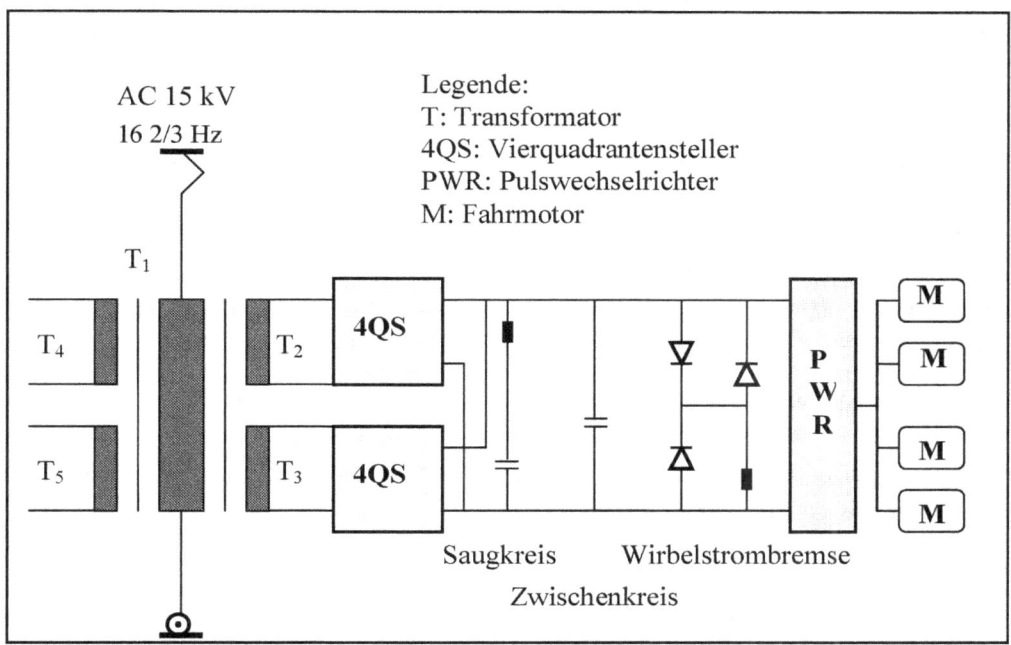

Bild 5.2: Blockschaltbild der Einsystem-Schaltung des ICE 3 für einen angetriebenen Wagen (eigene Darstellung, Quelle: Weschta 1995, S. 6)

Aus dieser Einsystemschaltung ist auch die der Mehrsystemzüge abgeleitet. Um möglichst geringfügige Abänderungen zwischen diesen beiden Varianten vornehmen zu müssen, beschränkte man die Modifikationen auf den Transformatorwagen. Dabei entschied man sich für vier parallel geschaltete Gleichstromsteller. Im Gleichspannungsbetrieb arbeiten die beiden Stromrichterwagen zusammen. Über Eingangsfilter und Hauptschalter sind diese an die Gleichspannung geschaltet.[122] Für die Traktion technisch am günstigsten sind niederfrequente Wechselströme, da hier nur geringe Leitungsverluste auftreten. Der Unterwerksabstand kann zwischen 30 und 80 km betragen. Gleichströme sind nicht auf höhere Spannungen transformierbar (daher die geringere Leistungsfähigkeit des ICE 3 in diesen Netzen) und verursachen daher relativ hohe Leitungsverluste. Die Unterwerke dürfen hier daher nicht weiter als 15 km voneinander entfernt sein.[123]

Die obigen Ausführungen zur Einsystemvariante des ICE 3 gelten sinngemäß auch für den ICE T.

5.2.1.2 Bordnetzversorgung

Als Rückgrat für die elektrische Versorgung der Hilfsbetriebe (Klimaanlage, Restaurant, Lüfter, Pumpen etc.) an Bord des ICE 3 kann die 670-V-Zugsammelschiene (Gleichspannung) bezeichnet werden. Sie verbindet in der Regel vier Wagen. Parallel dazu verläuft eine 110-V-

---

[122] Vgl. Weschta 1995.
[123] Vgl. Zilch et. al. 2001, S. 7-31.

Batteriesammelschiene, die für die Versorgung der Beleuchtungseinrichtungen, der Tür- und Bremssteuerung, des Fahrgastinformationssystems und der Antriebs- und Zugsteuergeräte zuständig ist. Sie wird durch die 670-V-Zugsammelschiene gespeist und soll im Falle eines Netzspannungsausfalls die Weiterversorgung der wichtigsten Einrichtungen gewährleisten.

Die Energieversorgung dieser Zugsammelschiene ist abhängig vom Stromsystem der Fahrwegausrüstung und der Art der Versorgungsspannung. In Gleichspannungsnetzen wird sie aus dem bereits zuvor erwähnten Zwischenkreis gespeist. Bei Fahrten in Wechselspannungsnetzen versorgen sie sog. Zugsammelschienenumrichter (als Vierquadrantensteller geschaltet), die in den Transformatorwagen untergebracht sind. Die Bordnetzleistung beträgt 1.000 kV. Das sind 20 % mehr als der Maximalbedarf der Hilfsbetriebe.

Die Bordenergieversorgung des ICE T ist nahezu identisch mit derjenigen des ICE 3. Eine 670-V-Zugsammelschiene versorgt auch hier die in jedem Wagen installierten Ausgangswechselrichter. Diese wiederum speisen die einzelnen Hilfsbetriebe mit fester oder variabler Spannung. Direkt mit 670 V werden die Heizungen versorgt.[124]

5.2.2 Elektrische Ausrüstung des ICE TD

Der ICE TD wird über seine Dieselmotoren elektrisch versorgt, weshalb bei ihm keinerlei Stromabnehmer und dergleichen existieren. Unter jedem Wagen ist ein solcher Dieselgeneratorsatz angeordnet. Diese speisen über Gleichrichterbrücken (Zwischenkreis) und Traktionswechselrichter jeweils vier parallel geschaltete Fahrmotoren.

Zur Bordnetzversorgung wird aus dem Zwischenkreis der Energieversorgungsblock im Mittelwagen gespeist. Dieser wiederum versorgt die Hilfsbetriebe (z. B. Klimaanlage, Luftpresser, Neigetechnik) und das 110 kV Bordnetz mit insgesamt sechs verschiedenen Spannungssystemen.[125]

5.2.3 Elektrische Energieversorgung beim System Transrapid

Der Transrapid muß seine elektrische Energie aus dem öffentlichen Verbundnetz beziehen. Ein Nachteil gegenüber dem ICE, da dieser durch das eigene Netz der DB AG unabhängiger (vor allem gegenüber Energiepreisschwankungen) betrieben werden kann.

5.2.3.1 Energieversorgung des Linearmotors

Ein Hochspannungstransformator wandelt die Spannung der elektrischen Energie des öffentlichen 110-kV-Netzes für eine Sammelschiene in 20 kV um. Von dort wird über Stromrichtertransformatoren ein Gleichspannungszwischenkreis gespeist. Hier teilt sich das System auf. Ein Teil der Energie wird den Bremsstellern zur Verfügung gestellt. Bremssteller sind Umrichter, die im Verzögerungsfall die elektrische Leistung übertragen und die Stromspannung für die Rückspeisung oder für den Bremswiderstand anpassen. Der andere Teil versorgt über Wechselrichter die Streckenkabel für den Linearmotor.

---

[124] Vgl. Siemens AG 2001.

[125] Vgl. Konsortium ICT VT.

Der Linearmotor des Transrapid muß mit Drehstrom variabler Frequenz (0-270 Hz) gespeist werden, um Geschwindigkeitsänderungen vornehmen zu können. Deshalb sind entlang des Fahrweges statische Umrichter zur Energieumformung angeordnet. Der Abstand (ungefähr alle 30 bis 50 km) und die installierte Leistung dieser Unterwerke sind vom jeweiligen Schubkraftbedarf abhängig.

Die Wanderfeldwicklung ist zur Wirkungsgradverbesserung in einzelne Speiseabschnitte unterteilt. (Typischer Wert für die Länge eines solchen Abschnitts: 2 km). Für die Streckenverschaltung existieren unterschiedliche Verfahren: das Bocksprung-, das Dreischritt-, das Kurzschluß- und das Wechselschrittverfahren. Das aufwendigere Bocksprungverfahren, bei dem ein ständiges Umschalten („Bocksprung") zwischen den Wechselrichtergruppen stattfindet, wird auf der TVE angewendet. Zukünftig orientiert sich die Streckenverschaltung aber voraussichtlich an dem Verfahren der Wechselschrittschaltung. Hier werden die beiden seitlich am Fahrweg angebrachten Motorteilwicklungen gegeneinander versetzt ausgerichtet. Die Speisung erfolgt über separate Streckenkabelsysteme, die aus den Unterwerken über beidseitig angeordnete Wechselrichter versorgt werden. Schubeinbrüche können mit diesem System weitestgehend verhindert werden. Bei den beiden anderen Verfahren zeichnet sich ab, daß sie sich aufgrund ihrer Systemnachteile nicht durchsetzen werden können.[126]

Am Fahrzeug sind Lineargeneratoren zur Bereitstellung der erforderlichen Energie für die Magnete des Trag- und Führsystems installiert. Die Energieübertragung auf das Fahrzeug erfolgt berührungsfrei. Hierzu werden über Drehstromwicklungen in den Polschuhen der Tragmagnete – geschwindigkeitsabhängig – Spannungen induziert. Jeder Tragmagnet ist dazu mit jeweils fünfphasigen, symmetrischen Lineargeneratoren ausgestattet.[127]

5.2.3.2 Bordnetzversorgung

Die oben bereits erwähnten Lineargeneratoren versorgen auch die Hilfsbetriebe an Bord während der Fahrt mit elektrischer Energie. Im Bereich von Stationen erfolgt die Energieeinspeisung für das Bordnetz über Stromschienen. Das 440-Volt-Bordnetz ist zur Sicherstellung einer hohen Verfügbarkeit mit mehreren Kontrolleinrichtungen ausgestattet.

Über Hochsetzsteller werden die proportional mit der Fahrgeschwindigkeit ansteigenden Spannungen und Frequenzen an das Bordnetz angepaßt. Oberhalb einer Geschwindigkeit von ca. 100 km/h decken die Lineargeneratoren den Energiebedarf des Bordnetzes und den des Ladeerhaltungsbetriebes für die Batterien ab. Darunter werden die Hochsetzsteller so geregelt, daß sie den Generatoren die maximale Leistung entnehmen. Das Bordnetz des Transrapid verfügt zur Sicherheit über mehrere Batteriekreise, die bei Stromausfall die Energieversorgung des Trag- und Führsystems sowie der Hilfsbetriebe übernehmen. Dabei muß lediglich auf die Energieversorgung der Antriebseinheiten verzichtet werden. Durch die vorhandene Restgeschwindigkeit und das funktionierende Schwebesystem schwebt das Fahrzeug bei Stromausfall langsam aus und braucht nicht

---

[126] Vgl. IFB 2001.

[127] Vgl. Mnich 1998 und Heinrich, Kretschmar 1989, S. 50–59.

auf die verschleißintensiven Notgleitkufen abgesetzt werden. Im Fahrzeug installierte Ladegleichrichter wandeln den Wechselstrom in einen für die Batterieladung geeigneten Gleichstrom um.[128]

5.2.4 Bauweise der Stromrichter

Beide Systeme verfügen über moderne, abschaltbare, wassergekühlte GTO[129]-Thyristoren als Stromrichter. Thyristoren sind Halbleitergleichrichter mit einer besonderen Bauart, bei der zuerst der Strom in beiden Richtungen gesperrt und erst nach einem Steuerimpuls auf die Zusatzelektrode die Durchlaßrichtung freigegeben wird. Sie schalten sich beim nächsten Nulldurchgang von selbst wieder ab.[130]

Beim ICE sind die Vierquadrantensteller und die Pulswechselrichter aus baugleichen, wassergekühlten Phasenmodulen aufgebaut. Diese Phasenmodule bestehen unter anderem jeweils aus zwei GTO-Thyristoren.

Beim Transrapid sollen zukünftig diese modernen Stromrichterelemente unter anderem die bisher notwendigen Ausgangstransformatoren entbehrlich machen können. Zusätzlich wird der Betrieb mit variabler Zwischenkreisspannung ermöglicht.

5.3 Fahrzeugfederungssysteme

Die hohen Betriebsgeschwindigkeiten bei gleichzeitig großen Fahrzeugmassen stellen enorme Belastungen für Fahrzeug und Fahrweg dar. Deshalb verfügen ICE und Transrapid über ausgetüftelte Federungssysteme, welche die Lasten aus der Fahrzeug-Fahrwegdynamik zu reduzieren vermögen. Insbesondere die während des Betriebseinsatzes entstehenden Schwingungen wirken sich sehr problematisch auf die Gebrauchstauglichkeit der betroffenen Bauteile aus.

5.3.1 Die gefederten Drehgestelle des ICE

Die Abfederung und Dämpfung der aus der Fahrzeug-Fahrwegdynamik entstehenden Lasten übernehmen bei Rad/Schiene-Fahrzeugen die Drehgestelle mit den eingebauten Federungssystemen. Beim ICE werden ab der zweiten Generation luftgefederte Drehgestelle eingebaut, da die mit Stahl und Gummi gefederten Drehgestelle des ICE 1 nicht in der Lage waren die Schallemissionen aus den Dröhnschwingungen effektiv auszuschalten. Eine zusätzliche Neuerung erhielt der ICE 3 mit den sog. Drehgestellen ICE 500 von ADtranz. Sie werden aufgrund ihrer modularen Bauweise sowohl als Triebdrehgestell als auch als Laufdrehgestell eingesetzt.

Pro Wagen sind zwei Drehgestelle angeordnet. Der in geschweißter Kastenbauweise konstruierte Drehgestellrahmen dient als Aufhängeeinrichtung für die Räder sowie für die Antriebs- und Bremssysteme. Gummielemente kombiniert mit Schraubenfedern sorgen in Verbindung mit den parallel dazu angebrachten Primärdämpfern für die Abfederung der Vertikallasten. Die Sekundär-

---

[128] Vgl. ebd. S. 76 f.

[129] GTO = engl.„Gate Turn Off", d. h. schaltbar und außerhalb des Stromdurchgangs selbst löschend.

[130] Vgl. Bertelsmann Lexikon Institut 1992, Band 16, S. 94 u. Hering, Modler 2002, S. 790f..

federung zwischen Drehgestell und Wagenkasten erfolgt hauptsächlich durch eine große Luftfeder. Zusätzlich zeigen sich hydraulische Dämpfer für die Querfederung und die Drehhemmung verantwortlich.

Durch diese leichten, gut gefederten Drehgestelle lassen sich die Beanspruchungen aus dem Hochgeschwindigkeitsbetrieb auf den Oberbau in den Griff bekommen. Sie garantieren eine gewisse Elastizität des Wagenkastens, wodurch dieser unempfindlicher gegenüber jeglicher Beanspruchungsart (z.B. auch Seitenwind) wird.[131]

5.3.2 Feder- und Dämpfungssystem des Transrapid

Das aktive Feder-/Dämpfersystem zwischen den Trag- und Führmagneten und den zugehörigen Schwebegestellen stellt beim Transrapid die Primärfederung dar. Vertikale Schwingungen um den mittleren Tragluftspalt werden oftmals durch Fahrwegstörungen (Ungenauigkeiten) und Seitenkräfte (z. B. Seitenwinde) hervorgerufen. Diese werden durch die Eigendämpfung des EDS mit Hilfe normalleitender Spulen, welche unterhalb der supraleitenden (= widerstandslos leitenden) Trag- und Antriebsmagnete angebracht sind, gedämpft. Analog ist die Wirkungsweise bei horizontalen Schwingungen (in seitlicher Richtung) um die Fahrwegmittellinie. Zusätzlich existiert aus Komfortgründen eine weitere Dämpfungseinrichtung aus Gummifederelementen.

Das Sekundärfedersystem dämpft die Schwingungen zwischen dem Schweberahmen und dem Wagenkasten. Es besteht aus 16 niveaugeregelten Luftfedern.

Im Vergleich zum ICE sind die Federungssysteme des Transrapid dezentraler aufgebaut, d. h. die Anzahl der gleichmäßiger verteilten Federelemente ist größer, so daß sich eine günstigere Lastverteilung ergibt. Dieser Umstand erhöht die Redundanz dieses Federsystems, da sich der Ausfall einer Federeinheit nicht so schwerwiegend auswirkt wie beim ICE.[132]

---

[131] Vgl. Martinsen, Rahn 1997, S. 155f.

[132] Vgl. Heinrich, Kretschmar 1989, S. 48, 76.

5.4 Zusammenfassende Beurteilung der technischen Ausrüstung und deren Leistungsfähigkeit

Die relativ guten Antriebsleistungen des ICE 3 erreicht er nur in den Wechselspannungsnetzen der DB AG und der SNCF sowie auf den Strecken in Österreich und der Schweiz (vgl. Tabelle 5.1). Im internationalen Betrieb auf Strecken mit Gleichspannung (z.B. Belgien und Niederlande) kann er – vorerst – nur mit verminderter Leistungsfähigkeit verkehren.

Tabelle 5.1: Antriebsleistung des ICE 3 (Mehrsystemausführung) in Abhängigkeit vom Stromsystem (Quelle: DB AG 2001, Siemens AG 2001)

Stromsystem	Traktionsleistung [MW]	Höchstgeschwindigkeit [km/h]
Wechselspannungsnetz mit 15 V/16²/₃ Hz (DB AG, ÖBB, SBB)	8,0	330
Wechselspannungsnetz mit 25 kV/50 Hz (SNCF)	8,0	330
Gleichspannungsnetz mit 1500 V (NS)	3,6	220
Gleichspannungsnetz mit 3000 V (SNCB)	4,3	220

Die Probleme der ersten beiden ICE-Generationen, ihre Höchstgeschwindigkeit auch tatsächlich zu erreichen, sind dank des Halbzugkonzeptes und der verbesserten Antriebsleistung beim ICE 3 beseitigt. Dieser ist nunmehr auch in der Lage, auf Steigungsstrecken von 4 % bei Ausfall einer Antriebseinheit und schlüpfriger Schienenoberfläche anzufahren.

Solche Probleme kennt der Transrapid nicht. Durch die systembedingten Besonderheiten ist beim Transrapid – im Gegensatz zum ICE – die Antriebsleistung unabhängig von Fahrzeuglänge (Anzahl der Sektionen) und Zuladung. Diese Parameter wirken sich lediglich auf den Energieverbrauch aus.

Ein energieeinsparender und dadurch ein ökologischer und wirtschaftlicher Vorteil entsteht dem Transrapid durch die fahrwegseitige Antriebsanordnung und die funkgeregelte Fahrzeugsteuerung. Sie erlauben es, die installierte Leistung pro Abschnitt flexibel zu steuern. Auf Steigungs- oder Beschleunigungsabschnitten wird somit mehr Energie eingespeist als sonst. Dadurch braucht der Transrapid nicht immer die volle Motorlast mitzuführen wie dies beim ICE der Fall ist.

Tabelle 5.2 gibt einen Überblick über die vergleichbaren technischen Eigenschaften von ICE und Transrapid. Sie zeigt die Überlegenheit des Transrapid bei den Leistungsdaten, die sich in einer höheren Endgeschwindigkeit bei gleichzeitig größerem Beschleunigungsvermögen äußert (In diesem Zusammenhang spielt der Energieverbrauch, welcher hierzu erforderlich wird, eine maßgebende Rolle, vgl. Kapitel 6.1).

Tabelle 5.2: Vergleich der technischen Ausrüstung von ICE und Transrapid (Quelle: IFB 2001)

Technische Daten	ICE 3 (Einsystemausführung)	TR 08
Höchstgeschwindigkeit [km/h]	330	450 (500)
Antriebsleistung [MW]	8,0	15,0 (30,0 im Beschleunigungsbereich)
Versorgungsnetz	15 V/16^2/$_3$ Hz	20 V/50 Hz
Fahrmotor	Drehstromasynchronmotor	Synchroner Langstatorlinearmotor
Stromrichter	GTO	GTO
Anfahrbeschleunigung [m/s²]	0,5	0,7
Bremsbeschleunigung [m/s²]	0,5	0,8

Die Wirkungsgrade der Motoren von ICE und Transrapid sind sehr hoch. Beim Drehstromasynchronmotor beträgt er annähernd 90 %[133]. Der Linearmotor des Transrapid verfügt sogar über einen Wirkungsgrad von 95 %[134], da hier Getriebeverluste und Ähnliches keine Rolle spielen.

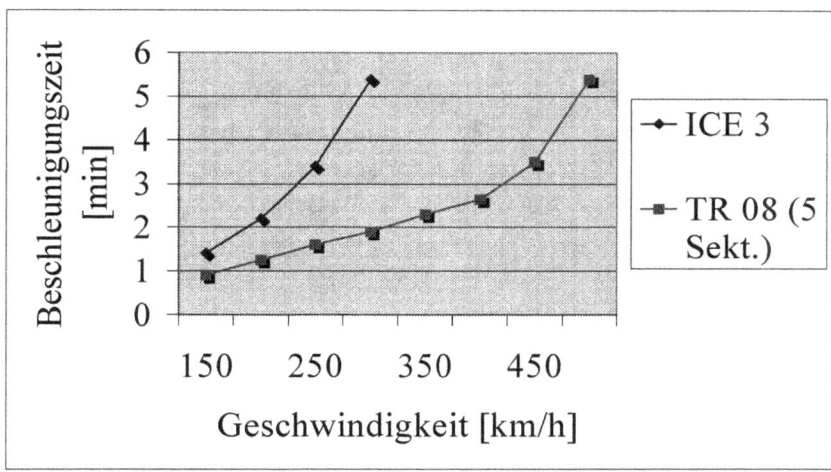

Bild 5.3: Vergleich der Beschleunigungszeiten (eigene Darstellung, Quelle: IFB 2001)

Ein entscheidendes Kriterium bei der Beurteilung der technischen Leistungsfähigkeit sind die Beschleunigungsdaten. Hier liegt der Transrapid mit seiner berührungslosen Technik klar vorn. Die Anfahrbeschleunigung liegt deutlich über der des ICE, gleiches gilt übrigens auch für die Bremsverzögerung. Technisch wären beim Transrapid sogar noch weitaus bessere Werte möglich, jedoch beschränkt man sich unter anderem aus Komfortgründen auf die genannten Werte. Zudem würde der Energieverbrauch bei noch größeren Beschleunigungswerten derart zunehmen, daß der Betrieb aus wirtschaftlicher Sicht nicht mehr sinnvoll wäre. Dies gilt vor allem auch für Steigungsabschnitte, in denen der Energieverbrauch erheblich zunimmt und dadurch der erforderliche Unterwerksabstand zusammenschrumpft.

---

[133] Quelle: IFB 2001.

[134] Quelle: Jung 1988, S. 93.

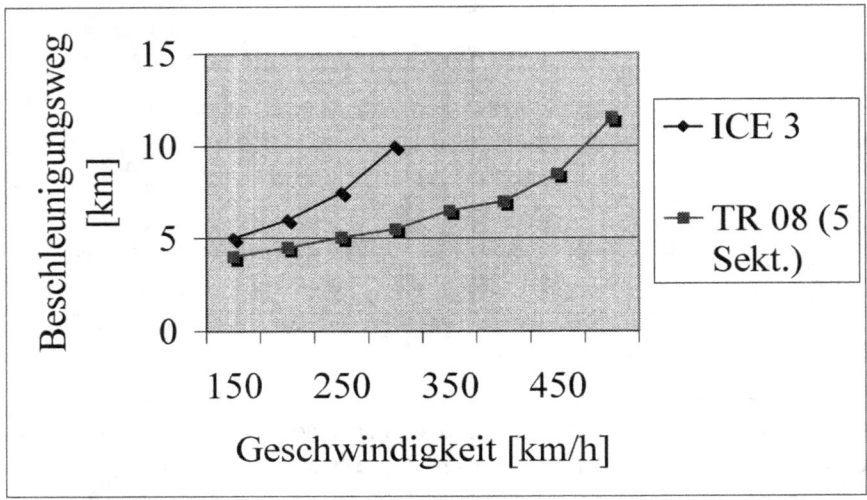

Bild 5.4: Vergleich der Beschleunigungswege (eigene Darstellung, Quelle: IFB 2001)

Aus Bild 5.3 wird ersichtlich, daß der ICE 3 wesentlich länger braucht, um auf die gleiche Geschwindigkeit zu kommen als der Transrapid. Ähnlich liegen die Verhältnisse bei den Beschleunigungswegen (Bild 5.4). Gemeint sind dabei die Entfernungen, die zurückzulegen sind, um eine bestimmte Geschwindigkeit zu erreichen. Daher eignet sich der Transrapid wesentlich besser auch für Kurzstrecken (z.B. Flughafenanbindungen) oder Mittelstreckenverbindungen mit relativ vielen Haltepunkten (z. B. Metrorapid).

6 Umweltverträglichkeit

6.1 Energieverbrauch und Schadstoffemissionen

Der Energiebedarf von Bahnen wird durch mehrere Einflußgrößen bestimmt. Die wichtigsten davon sind die Fahrzeugmasse (bzw. die zu beschleunigende Masse) und dessen Fahrwiderstand, welcher vorrangig als Funktion der Geschwindigkeit aufgefaßt werden kann (Luftwiderstand) sowie der Streckenverlauf (Topographie) und das jeweilige Fahrprofil in Abhängigkeit von der Fahr- und Betriebsweise.[135] Elektrische Energie wird nicht nur für die Antriebssysteme, sondern auch für eine Reihe von Hilfseinrichtungen erforderlich. Die hier gemachten Angaben beziehen sich daher auf den Gesamtenergieverbrauch (Sekundärenergieverbrauch).

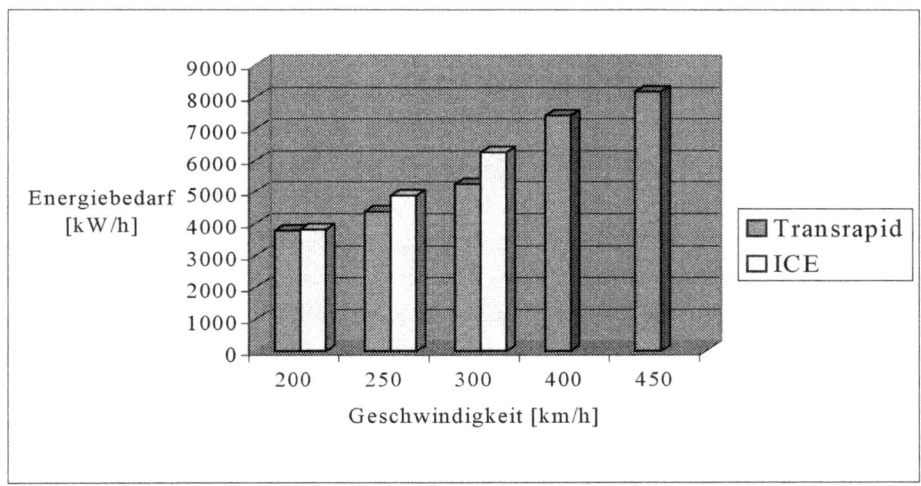

Bild 6.1: Energieverbrauch bei 100% Auslastung (eigene Darstellung, Quelle: TRI 2001[136])

Bei Energiebedarfsvergleichen (Bild 6.1) sind die unterschiedlichen Höchstgeschwindigkeiten der Fahrzeuge zu beachten. Bei gleicher Geschwindigkeit verbraucht der Transrapid eindeutig weniger Energie als der ICE. Nimmt man aber die jeweilige Höchstgeschwindigkeit der Systeme als Maßstab, so weckt erweckt diese Darstellung den Eindruck, als läge hier der ICE klar vorn. Bei einer differenzierteren Betrachtungsweise mit Einbeziehung der Anzahl der Fahrgäste kommt man zu einem etwas anderem Ergebnis (Bild 6.2). Hinsichtlich des spezifischen Energiebedarfs pro Sitzplatz verringert sich dieser Vorsprung deutlich.

---

[135] Vgl. IFB 2001.

[136] Die hierzu relevanten Berechnungen des IFB beziehen sich auf die konkrete Strecke Berlin-Hamburg. Die Vergleichsergebnisse ergeben leichte Abweichungen von den hier genannten Werten, zugunsten des Transrapid.

Insgesamt aber liegt der Energiebedarf bei Höchstgeschwindigkeit beim Transrapid etwas höher als beim ICE. Bei Konstantfahrten entspricht der spezifische Energiebedarf des ICE mit 300 km/h in etwa dem des Transrapid mit 400 km/h.

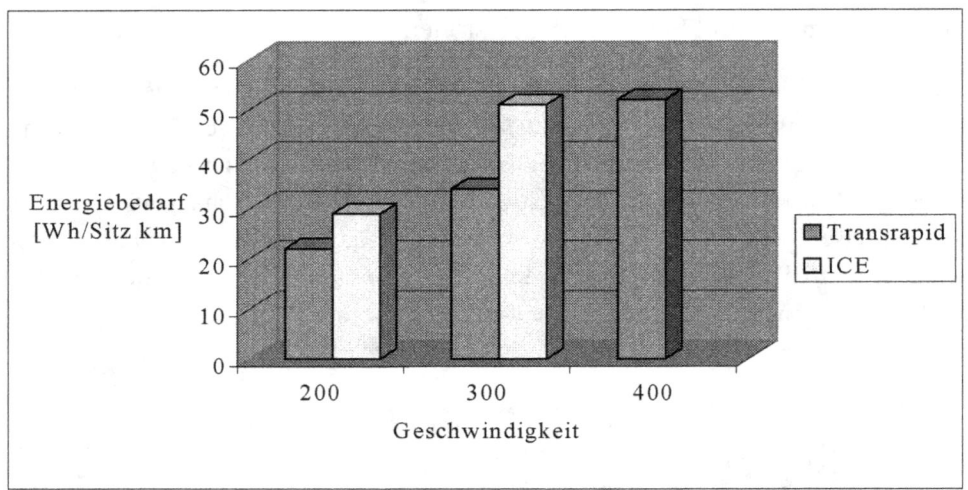

Bild 6.2: Spezifischer Energiebedarf pro Sitzplatz (eigene Darstellung, Quelle: TRI 2001)

Am interessantesten sind jedoch die Vergleichswerte für den Energiebedarf bei gleicher Fahrzeit. Hier ist es schwierig allgemeingültige Aussagen zu treffen. Grob vereinfacht läßt sich feststellen, daß sich bei längeren Fahrzeiten (> 100 km) etwas günstigere Werte für den Transrapid ergeben, da hier der Einfluß der energieintensiven Beschleunigungsphase geringer ausfällt.[137]

Grundsätzlich ist zu erwähnen, daß der Hochgeschwindigkeitsverkehr wesentlich energieintensiver ist als der herkömmliche Eisenbahnverkehr. So verbraucht der ICE ungefähr zwei Drittel mehr Strom pro Sitzplatz als der Durchschnitt der konventionellen Personenzüge der DB AG. Im Vergleich zu anderen Massenverkehrsmitteln schneiden die beiden Hochgeschwindigkeitsbahnen jedoch deutlich besser ab. Der spezifische Primärenergiebedarf der Magnetbahn Transrapid liegt nur ungefähr bei einem Drittel des PKW-Verkehrs und bei einem Fünftel des Kurzstreckenflugverkehrs. Gleiches gilt auch für die indirekten Schadstoffbelastungen, z.B. durch Kohlendioxid (CO_2)[138], welche direkt proportional mit dem Energiebedarf ansteigen. Hier liegt ganz allgemein einer der wesentlichen Vorteile der Schnellbahnen (vgl. Bild 6.3). Die angegebenen Werte beziehen sich auf vergleichbare Entfernungen. Die CO_2-Emissionen unterliegen Schwankungen durch den unterschiedlichen Rohstoffeinsatz bei der Erzeugung und Verteilung der elektrischen Energie.

---

[137] Vgl. IFB 2001.

[138] Zur Bewertung der Rolle von Kohlendioxid als wesentlicher Beitrag zur Verschärfung eines möglicherweise anthropogen bedingten „Treibhauseffektes" vgl. Gmelch 2000, S. 108ff. bzw. kontrovers dazu: Thüne 2002.

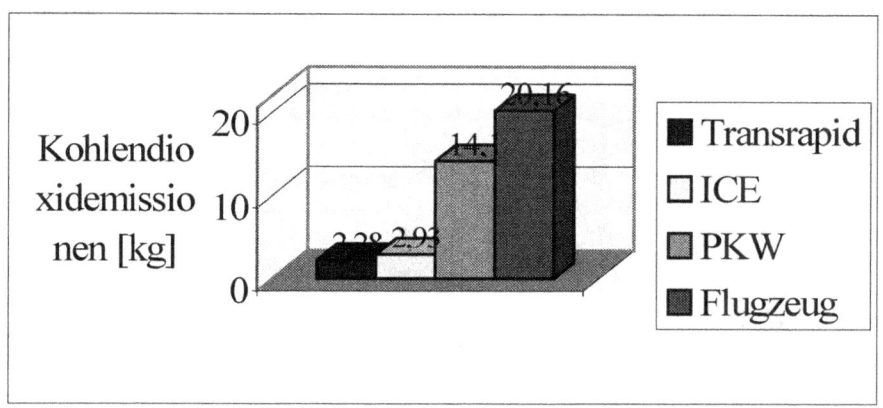

Bild 6.3: Typische Werte der CO_2-Emissionen bezogen auf je 100 Sitzplatzkilometer (eigene Darstellung, Quelle: TRI 2001)

Bei den anderen Schadstoffen (z.B.: NO_X, SO_2, CH, CO) ergeben sich ähnliche Verhältnisse bezüglich der Emissionen (vgl. Tab. 6.1). Zu erwähnen ist in diesem Zusammenhang noch, daß die Bahnen keinerlei Umweltbeeinträchtigungen durch Taumittel hervorrufen, wie dies beim Straßenverkehr der Fall ist.

Tabelle 6.1: Schadstoffausstoß im Vergleich (eigene Berechnungen aufbauend auf Gmelch 2000, S. 156; dort zitiert nach: test spezial 1995, S.114)

	Auto mit Katalysator (Referenzwert = jeweils 100 %)	Auto ohne Katalysator	Flugzeug	Schnellbahn
Stickstoffoxid	100 %	500 %	204,2 %	14,6 %
Schwefeldioxid	100 %	102,3 %	167,4 %	61,8 %
Kohlenwasserstoff	100 %	333,1 %	33,8 %	1,4 %
Kohlenmonoxid	100 %	335,7 %	17,1 %	1,1 %

Die obigen Berechnungen beziehen sich auf den durchschnittlichen Schadstoffausstoß in Gramm pro zu befördernde Person für eine Reiseentfernung von 500 km. Die angegebenen Werte sind Prozentwerte im Vergleich zu den Werten für ein Automobil mit Katalysator. Dabei wurden durchschnittliche Auslastungsgrade von 50 % für die Schnellbahn, 60 % für das Flugzeug sowie 1,5 Personen pro Auto angenommen. Es zeigt sich deutlich, daß die Schnellbahn (ICE) jeweils den niedrigsten Schadstoffausstoß in die Atmosphäre verursacht. Für den Transrapid würden die Werte noch etwas günstiger ausfallen. Die Hochgeschwindigkeitsbahnen sind demnach, was die Schadstoffemissionen anbelangt, wesentlich umweltverträglicher als PKW und Flugzeug.

6.2 Lärmemissionen

Hauptlärmquellen bei Eisenbahnen sind die Rollgeräusche. Daher erscheint es wenig verwunderlich, daß die berührungsfreie Technik dem Transrapid zu relativ günstigen Werten hinsichtlich der

Lärmemission des fahrenden Zuges verhilft (vgl. Bild 6.4). Bei ihm werden die Schallemissionen vorwiegend durch aerodynamische Geräusche bestimmt.

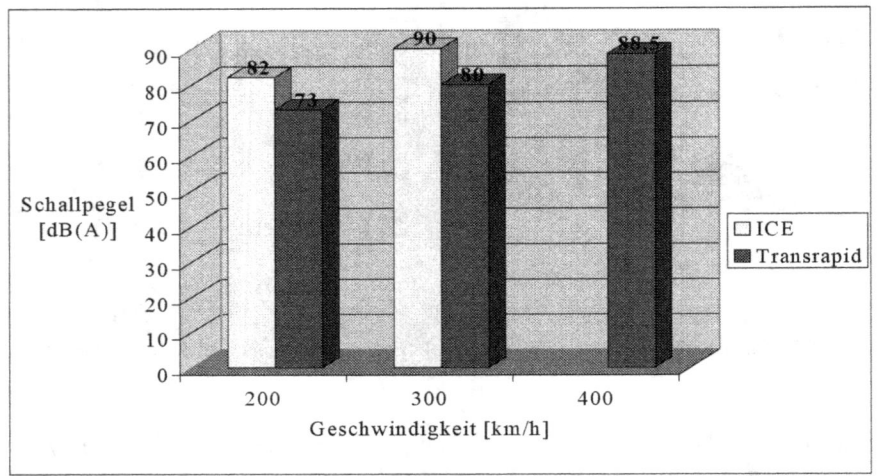

Bild 6.4: Vorbeifahrpegel in 25 m Abstand im Vergleich (eigene Darstellung, Quelle: TRI 2001)

Schallpegelstreuungen durch verschleißte Gleise fallen bei der Magnetbahn weg. Der ICE verursacht zwar bei gleicher Geschwindigkeit mehr Lärm als der Transrapid, gegenüber seinen ausländischen Konkurrenten TGV und Shinkansen weist er jedoch günstigere Werte auf.

6.3 Flächenverbrauch und Landschaftszerschneidung

Hinsichtlich des Flächenverbrauchs einer neu zu bauenden Strecke schneidet der Transrapid besser ab als der ICE, sofern hierbei der aufgeständerte Fahrweg zugrunde gelegt wird (vgl. Tabelle 6.1). Dabei ist zu berücksichtigen, daß der Bereich unter den Fahrwegträgern als nicht verbrauchte Fläche zählt, was durch die nur sehr eingeschränkten Nutzungsmöglichkeiten auf diesem Raum nur bedingt zutrifft. Daher eignet sich der ebenerdige Fahrweg besser als Vergleichsobjekt zu den NBS. Er beansprucht ähnlich viel Raum im Querschnitt wie diese.

Tabelle 6.2: Flächenbedarf im Vergleich (Quelle: TRI 2001)

Fahrweg	Flächenbedarf [m²/m]
ICE (NBS)	14
Transrapid (ebenerdig)	12
Transrapid (aufgeständert)	2

Für den Unterhalt des Transrapidfahrweges sind keinerlei Randwege oder Ähnliches erforderlich. An beiden Trassen sind zur Verminderung der Kollisionswahrscheinlichkeit mit Tieren Schutzeinrichtungen vorgesehen. Beim Transrapid betrifft dies hauptsächlich den Schutz vor Vögeln, die den aufgeständerten Fahrweg in niedriger Höhe überfliegen oder darauf sitzen. Durch seitlich entlang des Fahrweges angebrachte Netze will man diesem Problem Abhilfe schaffen. Bei den ebenerdigen NBS werden, ähnlich wie bei Autobahnen, Wildschutzzäune aufgestellt. Diese bieten einen größeren Schutz für Tiere und Fahrzeuge, jedoch wirkt sich hier die Trennwirkung auf die Lebensräume der Tiere nachteilig aus.

6.4 Zusammenfassende Bewertung

Die relativ hohe Umweltverträglichkeit der Hochgeschwindigkeitsbahnen im allgemeinen stellt einen sehr bedeutenden Faktor für deren Bewertung als zukunftsträchtiges Verkehrsmittel dar. Im Vergleich zum Straßen- und Flugverkehr verursachen sie deutlich weniger Schadstoffemissionen und weisen niedrigere Werte beim Endenergieverbrauch aus. Gegenüber dem PKW-Verkehr verfügen sie zugleich noch über den Vorteil einer geringeren Flächeninanspruchnahme. Beispielsweise beträgt der Flächenbedarf einer NBS im Querschnitt nur ca. 30-50 % der Fläche einer Autobahn. Vorteilhaft wirkt sich auch der deutlich geringere Raumbedarf für die Abstellflächen der Züge, im Gegensatz zu den notwendigen Parkraumflächen für den motorisierten Individualverkehr, aus.

Bei den Hochgeschwindigkeitsbahnen selbst schneidet der Transrapid hinsichtlich der Gesichtspunkte Lärmemissionen und Energieverbrauch im Vergleich zum ICE, bei identischer Geschwindigkeit, deutlich besser ab. Wichtiger sind aber die Vergleichsdaten bei den jeweiligen Höchstgeschwindigkeiten der Verkehrssysteme, da diese im Anwendungsfall maßgebend werden. Hier fällt das Ergebnis ähnlich aus, allerdings in etwas abgeschwächter Form. Der landschaftszerschneidende Effekt fällt vor allem bei der aufgeständerten Bauweise des Transrapidfahrweges deutlich geringer aus als bei den NBS. In Bezug auf die negative Beeinflussung des Landschaftsbildes sind die Verhältnisse genau umgekehrt. Hier verfügt der ICE über Vorteile.[139]

Insgesamt kann der Transrapid als das umweltfreundlichere Verkehrsmittel angesehen werden. Sein negativer Einfluß auf die einzelnen Schutzgüter (Menschen, Tiere, Wasser, Boden, Luft und Landschaftsbild) ist, unter der Prämisse, daß der ICE auf neu zu erstellenden Fahrwegen zum Einsatz kommt, geringer als bei diesem. Beide schneiden hinsichtlich der Umweltverträglichkeit im Vergleich zu ihrem internationalen Konkurrenten besser ab, was durchaus als Wettbewerbsvorteil angesehen werden kann.

---

[139] Vgl. Bundesamt für Naturschutz 1996.

7 Betrieb und Schnittstellen

7.1 Leittechnik

7.1.1 Betriebsleittechnik des ICE

Zwei serielle Bussysteme[140] bestimmen den Aufbau der Leittechnik des ICE 3. Der Zugbus ist über sämtliche Wagen des Triebzuges verteilt und stellt die höhere Stufe in der Bushierarchie dar. Der Fahrzeugbus erstreckt sich dagegen nur über vier Wageneinheiten. Verbunden sind diese beiden Systeme mit zwei sog. Gateways[141]. Sie werden zusammenfassend als Train Communication Network (TCN) bezeichnet, woraus sich die internationale Standardisierung ablesen läßt, die hier bereits Einzug gefunden hat. Charakteristisch für diese Systeme ist deren redundanter Aufbau, um ein hohes Maß an Betriebssicherheit gewährleisten zu können.

An den Fahrzeugbus angeschlossen sind die Kernstücke der ICE-Leittechnik, die Zentralen Steuergeräte (ZSG 1 und 2). Sie basieren auf der SIBAS≡-32technologie von Siemens und sind für eine Vielzahl von Funktionen zuständig. Die wichtigsten davon sind: die zugübergreifende Diagnose, die Wagensteuerung und die Geschwindigkeitserfassung. Zusätzlich sind am Fahrzeugbus mehrere Subkomponenten angeordnet, die sich unter anderem für die Bordnetz- und Zugsicherungssysteme sowie für die Antriebs- und Bremssteuerung verantwortlich zeigen.[142]

Die herkömmlichen punkt- und linienförmigen Zugbeeinflussungssysteme (PZB und LZB) bilden die Eckpfeiler der Betriebsleittechnik des ICE 3. Zukünftig sollen die Neubaustrecken mit der modernen Funkzugbeeinflussung ausgestattet werden[143].

Da die Realisierung eines europaweit vereinheitlichten Betriebsleitsystems, genannt ETCS (European Train Control System)[144], noch auf sich warten läßt, sind derzeit die Mehrsystemzüge des ICE 3 mit zusätzlichen Einrichtungen für die Interoperabilität versehen, damit sie auch unter den verschiedenen Zugbeeinflussungssystemen im westeuropäischem Ausland betrieben werden können. Der große Aufwand, der mit diesen uneinheitlichen Systemen einhergeht, zeigt sich dadurch, daß für jedes einzelne der jeweiligen Systeme extra Antennen bzw. Magnete unter den Endwagen des ICE angebracht sind. Zum Systemwechsel muß dabei lediglich in den Signalprozessoren für die Eingangsstromrichter ein neues Programm gestartet werden.[145]

---

[140] Busse sind gemeinsame Übertragungswege für den Datenaustausch zwischen mehreren Teilnehmern, wobei pro Zeiteinheit jeweils nur eine Information übertragen wird. Dieser Umstand wirkt sich durch die enorme Geschwindigkeit der Datenübertragung aber nicht nachteilig aus. (vgl. Sautter, Weinert 1993).

[141] Gateways (= engl. für Gatter) sind besondere Steueranschlüsse.

[142] Vgl. Kundmann et al. 2000.

[143] Vgl. Fiedler 1999, S. 227-240.

[144] Vgl. Naumann, Pachl 2002, S. 64f, 141.

[145] Vgl. Amler, Langer, S. 132.

Die Leittechnikausstattung des ICE T und ICE TD ist weitestgehend identisch mit der des ICE 3. Unterschiede bestehen lediglich in der zusätzlichen Ankoppelung der elektronischen Neigetechniksteuerung und der Zugsammelschienenumrichter an den Fahrzeugbus.[146]

Ein neuer Weg bei der Bahnkommunikation wurde mit der europaweit erstmaligen Einführung des Telekommunikationssystems GSM-R bei der NBS Köln-Rhein/Main beschritten. Dieses digitale Funknetz, von dem sich die DB AG mehr Sicherheit und eine höhere Effektivität verspricht, soll bis zum Jahr 2005 die analoge Technologie ersetzen. Bis dahin soll die gesamte Fahrzeugflotte sowie alle wichtigen Bahnstrecken - darunter natürlich auch die ICE-Strecken - mit diesem integrativen System, das die untereinander nicht kompatiblen, acht analogen Bahnfunknetze ersetzt, ausgestattet werden. Die GSM-R-Technologie soll wegweisend für ein zukünftiges, grenzüberschreitendes Hochgeschwindigkeitsnetz in Europa sein und kann daher problemlos in das ETCS integriert werden.[147]

7.1.2 Betriebsleittechnik beim System Transrapid

Das Betriebsleitsystem des Transrapid ist für die Steuerung, Führung und Sicherung des Fahrbetriebes zuständig. Hieraus erwachsen vielfältige Aufgabenbereiche für dieses System.

Die fahrzeugseitigen Einrichtungen übernehmen vornehmlich die Fahrzeugortung und damit die Positions-, Geschwindigkeits- und Beschleunigungserfassung. Darüber hinaus sind sie für die Überwachung und Aufzeichnung fahrzeuginterner Einrichtungen sowie für Zustands- und Fehlermeldungen (Diagnose) zuständig.

Die fahrwegseitigen Einrichtungen sind teilweise zentral und teilweise dezentral ausgeführt. Die Betriebszentrale soll den Fahrbetrieb dokumentieren und die aktuelle Information von Personal und Fahrgästen sicherstellen. Ihre Hauptaufgabe liegt aber in der Durchführung dispositiver Maßnahmen und der Fahrplanbearbeitung. Hier laufen sämtliche Betriebsinformationen zusammen, so daß eine lückenlose Überwachung der Vorgänge rund um Fahrzeug und Fahrweg möglich ist. Sie macht somit einen Zugführer überflüssig. Alle Beeinflussungsmöglichkeiten auf den Fahrbetrieb (z.B. Zugfolgeregelung, Abstandskontrolle) werden von dieser Betriebsleitzentrale aus gesteuert.

Unterstützt wird sie durch verschiedene Einrichtungen entlang der Strecke, die im Zusammenspiel mit der Betriebsleitzentrale die Fahrweg- und Weichensteuerung sowie zahlreiche weitere Aufgaben übernehmen (vgl. Bild 7.1). Entlang des Fahrweges sind Funkmasten derart angeordnet, daß sich die beiden Antennen eines Fahrzeuges an jedem Punkt der Strecke im Sichtfeld zweier solcher Masten befinden. Die Fahrzeugortung erfolgt mittels digital kodierter Ortsmarken am Fahrweg.

---

[146] Vgl. Weschta 1995.

[147] Vgl. Mandel 2003, S. 8, 10.

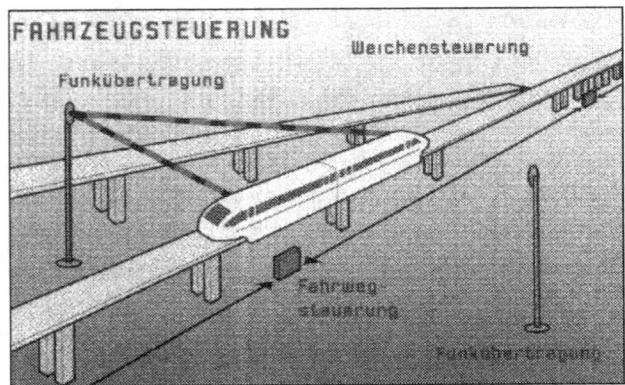

Bild 7.1: Fahrzeugsteuerung des Transrapid (Quelle: TRI 2001)

Die Informationsübertragung erfolgt über Funk (Richtfunkdatenübertragung), wobei größter Wert auf die Sicherheit der Datenübertragung gelegt wird, da sonst das Fahrzeug außer Kontrolle geraten könnte. Die Systeme sind daher mehrfach redundant ausgeführt.[148]

7.2 Sicherheit

Das ICE-Unglück bei Eschede[149] hat gezeigt, wie verheerend sich Unfälle mit Hochgeschwindigkeitszügen auswirken können. Solche Ereignisse können aber als absolute Ausnahme angesehen werden. Grundsätzlich stellen spurgebundene Bahnen - neben der Schiffahrt - das sicherste Verkehrsmittel dar.

Gleichwohl erfordern die hohen Geschwindigkeiten, mit denen ICE und Transrapid verkehren, erhöhte Sicherheitsvorkehrungen, die bereits im Zuge der Planung zu berücksichtigen sind. Dazu zählen neben Maßnahmen für den Alltagsbetrieb auch solche, die vor außergewöhnlichen Ereignissen schützen sollen. Die Anschlagserien auf Anlagen der DB AG in den neunziger Jahren haben die Verwundbarkeit gegenüber mutwilligen Zerstörungen eindringlich vor Augen geführt.[150] Die damaligen Ereignisse sind aber noch relativ glimpflich verlaufen. Der Transrapid gilt aufgrund seines fahrwegumgreifenden Unterbaus als absolut entgleisungssicher. Durch äußere Einflüsse ist aber auch er buchstäblich 'aus der Bahn zu bringen', zumal er aufgrund seiner bedeutenden Stellung und seiner Präsenz in der Öffentlichkeit durchaus als mögliches Ziel eines Anschlags (oder auch durch 'gewöhnlichen' Vandalismus) gefährdet wäre.

---

[148] Vgl. Heinrich, Kretschmar 1989, S. 60-64 und TRI 2001.

[149] Bei diesem Unglück am 3. Juni 1998 wurden 101 Personen getötet. Die Ursache dafür war höchstwahrscheinlich ein gebrochener Radreifen.

[150] So gab es z.B. im September 1998 mehrere Zwischenfälle im Zusammenhang mit einem Erpresser; u. a. wurden auf der NBS Hannover-Berlin die Schienenbefestigungen auf einem 20 km langen Abschnitt gelöst (vgl. Latten 1999, S. 65).

Um den erhöhten Anforderungen an die Sicherheit im Alltagsbetrieb zu entsprechen gibt es beim ICE eine Reihe von zusätzlichen Vorkehrungen gegenüber dem langsameren Personen- und Güterverkehr (sie entsprechen sinngemäß weitgehend den Maßnahmen beim System Transrapid):

- Planfreie Kreuzungen (keine Bahnübergänge)
- Größere Sicherheitsabstände, z.B. bei Bauarbeiten nahe am Fahrweg (Gefahr durch den Sog an das Fahrzeug herangezogen zu werden)
- Effiziente Zugsicherungssysteme
- Hoher Standard der Brandschutzausstattungen, z. B. Möglichkeit der brandschutzwirksamen Abschottung der einzelnen Fahrzeugsektionen voneinander (ähnlich wie bei der Brandabschnittsbildung bei Gebäuden)
- Ausreichende Bremskraft für Notbremsungen auch bei Ausfall der Energieversorgung
- Aufwendige Diagnosesysteme zur Erkennung von Schwachstellen an Fahrzeug oder Fahrweg
- Anbringung von Bahnräumern an den Frontwagen (Minderung der Entgleisungsgefahr durch Gegenstände auf der Fahrbahn)

Grundsätzlich kann der Transrapid im Vergleich zum ICE als das sicherere Verkehrsmittel angesehen werden. Entgleisungen sind bei ihm nicht möglich. Die Wahrscheinlichkeit, daß Gegenstände auf seinem Fahrweg liegen und zu Unfällen führen, ist durch die aufgeständerte Bauweise – auch der sog. ebenerdige Fahrweg ist deutlich erhöht gegenüber der Geländeoberkante – wesentlich geringer als bei den Oberbauformen des ICE.

Ein Zusammenstoß zweier Fahrzeuge ist bei der Magnetfahrtechnik des Transrapid durch die abschnittsweise Schaltung des Fahrwegmotors nicht möglich. Diese Gefahr kann beim ICE, vor allem bei Mischbetrieb, trotz modernster Zugsicherungssysteme nicht ganz ausgeschlossen werden.

7.3 Systemspezifische Problemstellungen

Im Betriebseinsatz ergeben sich für ICE und Transrapid unterschiedliche Erschwernisse, die aus deren systemimmanenten Besonderheiten und deren Umfeld entstehen. Diese Schwierigkeiten sind grundsätzlich überwindbar; meist jedoch nur mit hohem finanziellen und zeitlichen Aufwand.

7.3.1 Fahrweganpassung an die Bedürfnisse des ICE

Wie bereits erwähnt besitzt der ICE gegenüber dem Transrapid den Vorteil, daß er auf bestehende Anlagen zurückgreifen kann. Dies gilt insbesondere für die Bahnhöfe, welche fest mit dem Gesamtverkehrsnetz verknüpft sind. Dieser Umstand garantiert die schnelle Erreichbarkeit des ICE mit anderen Verkehrsmitteln oder aber auch kurze Umsteigezeiten bei Benutzung anderer Züge. Zudem kann der ICE kurzfristig sehr kostengünstig auf diesen bestehenden Strecken eingesetzt werden.

Die Bestandsstrecken der Deutschen Bahn weisen jedoch den Nachteil auf, daß sie nur bedingt oder gar nicht für den Einsatz von Hochgeschwindigkeitszügen geeignet sind. Vielfach erlaubt die vorhandene Strecke nur eine Fahrt mit gedrosselter Geschwindigkeit. Der ICE kann sein wichtigstes Merkmal - die hohe Geschwindigkeit - gar nicht erst entfalten.

Zwar bemüht man sich seitens der DB AG, die Streckenabschnitte mit Geschwindigkeitsbegrenzungen besser auszubauen und vor allem auch die Realisierung von Neubauprojekten voranzutreiben. In der Praxis aber gehen diese kostspieligen Maßnahmen aufgrund der schlechten Finanzlage und wegen der aufwendigen Planfeststellungsverfahren nur sehr schleppend weiter. So wird der ICE vermutlich auch noch in absehbarer Zukunft auf – für seine Verhältnisse - unzureichenden Strecken betrieben werden müssen

7.3.2 Mischbetrieb auf den Neubaustrecken als Hemmnis für den ICE

Ein weiterer Umstand trägt ebenfalls zur Minderung der Erfolgschancen des ICE bei. Die aufwendig gebauten Neu- und Ausbaustrecken werden nicht nur von Hochgeschwindigkeitszügen, sondern auch von langsameren Personen- und Güterzügen befahren. Durch diese vielfältige Nutzung der Fahrwege trägt zwar die DB AG als Betreiber Vorteile davon, für den ICE selbst aber wirkt sich dieser Mischbetrieb hemmend aus. Zum einen müssen die Fahrpläne an die anderen Personenzüge angepaßt werden. Die Güterzüge verkehren im Normalfall nur nachts, also zu Zeiten, an denen der ICE nicht im Einsatz ist, wobei es aber auch hier zu Überlappungen kommt.[151] Zum anderen entstehen am Fahrweg durch die vielfache Nutzung erhöhte Verschleißerscheinungen. Die schweren Güterzüge wirken sich hier besonders negativ aus. Zusätzlich führt die Auslegung der Fahrwege auf den Mischbetrieb zu ungünstigeren Trassierungsparametern (vgl. Kap. 4.4). Die Fertigstellung der ersten artreinen NBS zwischen Köln und Frankfurt stellt in dieser Hinsicht einen wichtigen Qualitätssprung für das Angebotsprofil des ICE dar.

7.3.3 Windanfälligkeit

Die leichte Bauweise der neuen ICE-Generationen birgt nicht nur Vorteile in sich. Die hohe Windanfälligkeit ließ sogar Befürchtungen aufkommen, daß ICE 3 und ICE T nur für Geschwindigkeiten bis 200 km/h die Zulassung vom Eisenbahnbundesamt (EBA) erhalten würden. Bereits beim ICE 2 gab es Probleme dieser Art, so daß er, wenn der Triebkopf hinten und der Steuerwagen vorne angeordnet ist, maximal 200 km/h fahren darf. Ansonsten könnte er schlimmstenfalls durch eine Windböe umgekippt werden.[152] Die NBS Köln-Rhein/Main ist daher an besonders windexponierten Stellen, welche mittels Computersimulation ermittelt wurden, mit Windschutzwällen ausgestattet. Damit läßt sich in der Regel ein störungsfreier Betrieb gewährleisten. Bei Extremereignissen mit Windgeschwindigkeiten in Orkanstärke ist ohnehin kein Betrieb mehr möglich. Die Oberleitung schwingt dann so stark, daß der Kontakt mit dem Stromabnehmer unterbrochen wird und das Fahrzeug mangels Energiezufuhr langsam ausrollt.[153]

---

[151] Vgl. Martinsen, Rahn 1997, S. 95.

[152] In Japan hat man die Seitenwindproblematik mit u-förmigen Fahrwegen und Windmessern an der Strecke reduziert.

[153] Vgl. Bahntech 3/2001, S. 12.

Im Gegensatz dazu ist der Transrapid durch seine fahrwegumgreifende Fahrzeugkonstruktion wesentlich resistenter gegen Seitenwinde. Windschutzwälle oder dergleichen sind bei ihm nicht erforderlich.

7.3.4 Kompatibilität - Einbindung in das Gesamtverkehrsnetz

Die Neuartigkeit des Verkehrssystems Transrapid wirft Fragen zu seiner Einbindung in das Gesamtverkehrsnetz auf. Hierbei stellt sich das Problem, einen geeigneten Trassenkorridor für den Fahrweg in dicht besiedelten Gebieten zu finden. Um eine bestmögliche Verbindungsfunktion zu erreichen, sind Haltestationen in den Zentren der Großstädte erforderlich. Andernfalls würde er gegenüber anderen Verkehrsmitteln an Attraktivität verlieren, da sich die Fahrzeit von Haus zu Haus erheblich verlängern würde. Zudem würde sich die umständliche Erreichbarkeit, die bei einer Positionierung der Transrapidbahnhöfe außerhalb der großen Verkehrsströme erfolgt, negativ auf die Fahrgastzahlen auswirken.

Um also gegenüber dem Kurzstreckenflugverkehr die Fahrzeitvorteile (unter anderem durch geringere Abfertigungszeiten) ausspielen zu können und um konkurrenzfähig gegenüber Rad/Schienezügen zu sein, sind zentral gelegene Haltepunkte für den Transrapid unerläßlich, auch wenn dadurch hohe Investitionskosten für die Verwirklichungen der Stadteinführungen erforderlich werden. Eine Verlagerung der Stationen außerhalb der Stadtzentren in die Peripherie wirkt sich in der Regel ungünstig auf sein zu erwartendes Fahrgastaufkommen und damit auf seine Wirtschaftlichkeit aus.

Besonders wichtig ist dabei die Optimierung des Zu- und Abgangs beim Transrapid. Nur wenn er geeignet in das System der vorhandenen Verkehrsmittel integriert ist, bringt seine hohe Betriebsgeschwindigkeit auch wirkliche Zeitvorteile für den Kunden. Andernfalls würden lange Umsteigezeiten diesen Vorteil wieder zunichte machen. Die Motivation für die meisten Menschen den Transrapid (und Züge allgemein) zu benützen wäre angesichts der unvermeidbaren Umsteigevorgänge, die vielfach als unkomfortabel empfunden werden, noch geringer. Daher ist die günstige Vernetzung des Transrapid mit den anderen Verkehrsträgern ein entscheidendes Erfolgskriterium. Neben Maßnahmen, die darauf abzielen die Reisezeit von Haustür zu Haustür zu minimieren (optimale bauliche Verknüpfung, günstige Fahrplanabstimmung, unkomplizierter Fahrkartenerwerb etc.), ist ein effektives Informationsmanagement unerläßlich, damit der potentielle Kunde auch Bescheid weiß, zu welchen Zeiten und zu welchem Preis er den Transrapid benützen kann. Nur so kann der Transrapid ein ernsthafter Konkurrent für den jederzeit verfügbaren PKW werden.[154]

7.3.5 Fehlende Betriebserfahrungen mit dem Transrapid

Das Hauptproblem dieses neuartigen Verkehrssystems besteht darin, daß seine Funktionsfähigkeit zwar theoretisch, aber noch nicht in der betrieblichen Praxis nachgewiesen wurde. Die gemachten Erfahrungen mit dem Transrapid auf der TVE sind zwar als wertvoll anzusehen, sie ersetzen aber

---

[154] Vgl. Bruckmann, Schönharting 2002, S. 16ff.

nicht das Erfordernis einer ersten Anwendungsstrecke, um die Alltagstauglichkeit dieses Systems zu evaluieren.

Etliche Detailfragen sind noch ungeklärt und könnten in der betrieblichen Praxis zu erheblichen Anfangsproblemen führen, die erst durch größeren technischen und finanziellen Aufwand gelöst werden können. Beispielhaft sei hier der Nachweis der uneingeschränkten Einsatzeignung in den verschiedenen klimatischen Regionen genannt, der bisher nicht erbracht wurde. Auf Deutschland bezogen ist zwar die Wintertauglichkeit des Transrapid im Emsland nachgewiesen. Sein Einsatz im süddeutschen Raum (z. B. die diskutierte Flughafenanbindung in München) mit den wesentlich größeren Schneemengen im Winter könnte zu unvorhergesehenen Problemen führen und z. B. das vorgesehene Schneeräumsystem[155] überlasten.

---

[155] Auf der Fahrbahn verkehrende Schneepflüge sollen diese freihalten. Zusätzlich ist der Transrapid in der Lage, seine aerodynamisch geformte Frontpartie als Schneeräumer einzusetzen. Das Ganze funktioniert allerdings nur bei relativ geringen Schneemengen.

8 Wirtschaftlichkeitsanalyse

8.1 Allgemeines

Die geplante Transrapidverbindung zwischen den beiden größten Städten Deutschlands, Berlin und Hamburg, scheiterte bekanntlich vor allem an der Finanzierungsfrage, die bei Großprojekten dieser Art oftmals die entscheidende Rolle spielt. Gleiches läßt sich auch an der schleppenden Weiterführung des Neubaustreckennetzes für den ICE in Deutschland erkennen. Hier übersteigen die realen Kosten die zuvor veranschlagten um enorme Beträge[156], da die Realisierung von vielerlei Unwägbarkeiten begleitet wird, die sich einer vorausschauenden quantitativen Erfassung entziehen. Die Kostenabschätzungen für ein solch neuartiges Verkehrssystem wie es die Magnetschwebebahn darstellt gestalten sich noch wesentlich schwieriger, da auf keinerlei Erfahrungswerte zurückgegriffen werden kann. Gleiches gilt für die Prognostizierung des Fahrgastaufkommens, wovon wiederum die Amortisation der Betriebs- und Investitionskosten abhängig ist.

Grundsätzlich hängen die Investitionskosten für eine Hochgeschwindigkeitsstrecke sehr stark von den jeweiligen örtlichen Begebenheiten ab. Allgemeine Zahlen für den erforderlichen Kapitalaufwand für die Realisierung eines solchen HGV-Projektes sind daher nur sehr bedingt aussagekräftig und vergleichbar. Da aber die Wirtschaftlichkeit eines Verkehrsprojektes heutzutage die *entscheidende* Rolle spielt, lohnt sich eine Betrachtung der hierzu verfügbaren Daten allemal.

Die Zahlen, die von den jeweiligen Herstellern bzw. Betreibern von ICE und Transrapid in den Umlauf gesetzt werden sind nur mit Vorsicht zu betrachten, da sie natürlich das eigene Produkt in vorteilhafterem Licht erscheinen lassen sollen. In der unabhängigen Literatur wird weitestgehend die Ansicht vertreten, daß die Investitionskosten für den Neubau eines Fahrweges beim Transrapid zur Zeit noch geringfügig höher liegen als beim ICE. Dieses Situation kann sich natürlich schnell ändern, da beim Transrapidfahrweg noch ein erhebliches Weiterentwicklungspotential, vor allem auch im Hinblick auf eine wirtschaftlichere Fertigungsweise, vorhanden ist[157]. Die Anschaffungskosten für Fahrzeug samt technischer Ausrüstung und Betriebseinrichtungen sind ungefähr gleich. Die entstehenden Baukosten für die Fahrwege sind stark abhängig von der jeweiligen örtlichen Situation (Bebauung, Geländemorphologie etc.).[158]

---

[156] Exemplarisch sei hier die NBS Köln-Rhein/Main angeführt: Die Baukosten für diese Neubaustrecke wurden bei der Finanzierungsvereinbarung 1995 zwischen dem Bund und der Bahn mit 7,75 Mrd. DM veranschlagt. In Wirklichkeit mußten annähernd 11 Mrd. DM für den Bau dieser NBS aufgewendet werden (vgl. Brux 2002, S. 31).

[157] So ist es den chinesischen Ingenieuren, die derzeit am Bau der Transrapidstrecke in Schanghai beteiligt sind, durchaus zuzutrauen, daß sie zukünftig mit einer kostengünstigeren Fahrwegform auf dem Weltmarkt erscheinen (vgl. Kap. 9.2.2).

[158] Vgl. Rath 1993, S. 76ff.

Ein unbestreitbarer Vorteil für den Transrapid rührt aus seiner berührungslosen Technik her. Dadurch verursacht er wesentlich geringere Verschleißerscheinungen[159] an Fahrzeug und Fahrweg, was zu deutlich geringeren Kosten für die Instandhaltung führt als beim ICE, so daß davon auszugehen ist, daß die Betriebskosten beim Transrapid niedriger liegen.

8.2 Ausgewählte Daten zum Vergleich

In der Literatur kursieren die unterschiedlichsten Angaben hinsichtlich der Kosten der beiden Schnellbahnsysteme. Diese Zahlen suggerieren allesamt eine Genauigkeit und exakte Vorhersehbarkeit, die es in Wirklichkeit aber nicht gibt. Trotzdem lassen sich überschlägige Durchschnittswerte angeben, die eine gewisse Vergleichbarkeit der Kosten ermöglichen.

Für eine zweigleisige NBS (Rad/Schiene) können nach derzeitigem Stand Kilometerkosten von 17–20 Mio. Euro (freie Strecke) angesetzt werden. Davon entfallen nur ungefähr 0,6–1,0 Mio. Euro auf den Oberbau und 0,5-2,5 Mio. Euro auf den Erdkörper samt Entwässerungseinrichtungen. Ein Großteil des verbleibenden Restbetrages muß für Kunstbauten und die elektrische Ausrüstung aufgewendet werden. Schwierig zu erfassen sind die Kosten für den Grunderwerb, da diese starken Schwankungen unterliegen. In der Regel bewegen sie sich in einem Rahmen zwischen 1 und 300 Euro/m².[160]

RATH[161] gibt den Kapitalbedarf für eine doppelspurige Magnetbahntrasse mit ca. 10 Mio. Euro/km an, wobei der aufgeständerte Fahrweg mit ungefähr 2 Mio. Mehrkosten pro Kilometer[162] zu Buche schlägt. Diese Zahlen scheinen nach Ansicht des Verfassers deutlich zu gering ausgefallen zu sein und geben wohl nur veraltete Richtwerte wider. Neuere *unabhängige* Zahlen sind hierzu leider nicht verfügbar. MVP und TRI gehen in diesem Zusammenhang von etwa gleichen Fahrwegkosten für ICE und Transrapid aus[163]. In Wirklichkeit aber dürfte dieser Vergleich für den Transrapid ungünstiger ausfallen, da im Anwendungsfall weniger erprobte, kostensparende Serienfertigungsbauweisen[164] zur Verfügung stehen als bei den NBS für den ICE. Bei der Transrapidstrecke in Schanghai betragen die Fahrwegkosten ca. 20 Mio. Euro/km (vgl. Kap. 9.2.2). Hier sind aber die Baukosten für die beiden Stationen mit enthalten. Andererseits bewirken die chinesischen Verhältnisse mit geringeren Lohnkosten, weniger Planungsaufwand und niedrigeren Ansprüchen an das Fahrwegdesign sowie die Einpassung der Strecke in die Landschaft (bzw. in städtebauliche Konzepte), daß die Fahrwegkosten niedriger ausfallen als dies für die gleiche Strecke in Mitteleuropa der Fall wäre.

---

[159] Auch der Fahrbetrieb beim Transrapid wirkt sich trotz der Kontaktfreiheit negativ auf das Material aus; Abnützungen und Verschleiß entstehen durch dynamischen Schwingungen bei der Fahrt, aber auch zum Beispiel durch den Einsatz der Wirbelstrombremse.

[160] Bösl 2000, S. 11.1.

[161] Rath 1993, S. 5.

[162] Ebd. S. 84.

[163] Vgl. TRI 2001 u. MVP 2001.

[164] Die hierzu gemachten Erfahrungen beim Bau der TVE sind nur bedingt auf den Anwendungsfall übertragbar.

Neben den Baukosten für die Fahrwege (Trassen, Rohbau, Kunstbauwerke und Grunderwerb) sind zusätzliche Investitionen für die Komponenten Fahrzeuge, Ausrüstung, Informatik, Stationen, Wartungsanlagen etc. erforderlich. Die neu zu bauenden Stationen für den Transrapid stellen einen erheblichen Kostenfaktor dar, der nur schwer zu beziffern ist, da hierzu keinerlei Erfahrungswerte existieren. Die Kapitalaufwendungen für den Zugpark fallen beim Transrapid niedriger aus, obwohl die Kosten pro Zugeinheit höher liegen. Der Grund dafür liegt in der geringeren Fahrzeugzahl, die angeschafft werden muß, da aufgrund der höheren Geschwindigkeiten schnellere Umlaufzeiten möglich sind.[165] Die Betriebskosten fallen, wie bereits erwähnt, ebenfalls niedriger aus als beim ICE. Hierzu kann man die Daten vom IFB für die Instandhaltungskosten heranziehen. Diese betragen beim ICE 2,6 - 4,5 % bezogen auf die gesamten Investitionskosten, beim Transrapid dagegen nur 0,4 - 0,6 %.

Zusammenfassend lassen sich bestimmte Voraussetzungen nennen, unter denen die Magnetbahn Transrapid geringere Investitionskosten erfordert als ein Rad/Schiene-Hochgeschwindigkeitszug (ohne Betrachtung der Stadteinführung):

- Die Kosten eines aufgeständerten Fahrweges niedriger liegen als die für die notwendigen Kunstbauten der Eisenbahnstrecke.
- Die Mehrkosten für die aufgeständerte Bauweise lassen sich durch Einsparungen bei den Grundstückskosten (z. B. durch landwirtschaftliche Nutzung der Freiräume unter der Fahrbahn) sowie bei den Erdmassenbewegungen kompensieren.
- Die günstigeren Trassierungsparameter der Magnetbahn lassen kürzere Streckenlängen zu.[166]

---

[165] Rath 1993, S 83, 303.

[166] Vgl. ebd. S. 304.

9 Zukunftsaussichten

9.1 Fragestellungen zur grundlegenden Notwendigkeit eines Hochgeschwindigkeitsverkehrsnetzes

Dieses Kapitel müßte eigentlich am Beginn dieser Arbeit stehen. Die Tatsache, daß dies nicht der Fall ist, impliziert bereits teilweise die Beantwortung der Frage zur Notwendigkeit eines spurgebundenen Hochgeschwindigkeitsverkehrsnetzes für Europa. Würde die Antwort dazu negativ ausfallen, so könnte man die vorangehenden Kapitel getrost weglassen.

9.1.1 Analyse der Standpunkte

Betrachtet man die verschiedenen Standpunkte zu dieser Thematik, so fällt auf, daß es vorwiegend strikte Befürworter gibt und auf der anderen Seite solche, die die Idee eines Hochgeschwindigkeitsverkehrssystems gänzlich, als vollkommen überflüssig und den Vorgaben für ein Verkehrssystem der Zukunft nicht entsprechend, ablehnen. Eine ausgewogene Mitte zwischen diesen diametral entgegenstehenden Ansichten scheint nur in kleinem Umfang zu existieren. Zu den Verfechtern der Schnellbahnen zählen vorrangig die Regierungen der betroffenen Länder, die Anhänger eines möglichst kontinuierlichen Wirtschaftswachstums sowie natürlich die Interessensvertreter der Industrie. Die Gegner sind vornehmlich im Lager der Umweltschutzorganisationen und deren Sympathisanten zu suchen.[167] Diese 'Frontlinie' existiert auch innerhalb der politischen Parteienlandschaft und das nicht nur nach Parteien getrennt, sondern auch innerhalb dieser, unabhängig von der sonstigen Ausrichtung des jeweiligen Parteienflügels. Daher ist es auch weniger verwunderlich, daß diejenige Partei, die einst mit der Durchführung der HSB-Studie die industrielle Magnetbahnentwicklung einleitete[168], später dann im Jahre 2000 mit dem Verzicht auf die Anwendungsstrecke Berlin-Hamburg fast das Ende für die deutsche Magnetfahrtechnik beschloß.

Die Gegner der Schnellbahnen betonen richtigerweise, daß die Verlagerung eines Großteils der Verkehrsströme von der Straße auf die Schiene zu erfolgen hat. Jedoch lehnen sie die beiden Verkehrsysteme ICE und Transrapid ab, da sie ihrer Ansicht nach zu kostenintensiv, zu wenig umweltverträglich und an den Bedürfnissen des Verkehrsmarktes vorbei konstruiert sind. Sie bevorzugen ein Bahnnetz mit hoher Flächendeckung und betrachten dabei vorwiegend die Konkurrenzsituation zum PKW.[169]

Entscheidenden Einfluß auf die darauffolgenden Entscheidungen des Bundesverkehrsministeriums und somit auch auf die Gesamtentwicklung hatte die bereits mehrfach erwähnte Hochleistungsschnellbahnstudie. Sie gab nicht nur das Startsignal für die Magnetschnellbahnentwicklung,

---

[167] Vgl. Rade 1995, S. 21ff.

[168] Georg Leber (SPD) gab 1969 in seiner Eigenschaft als damaliger Bundesverkehrsminister (Amtszeit: 1966-1972) den Auftrag zur HSB-Studie.

[169] Vgl. Rößler 1993 u. Zängl 1993.

sondern sie führte vor allem auch zu dem grundlegenden Ergebnis, daß eine HSB, unabhängig vom jeweiligen System, in der Lage ist, sinnvoll den Entfernungs- und Geschwindigkeitsbereich zwischen dem Flugzeug und der herkömmlichen Eisenbahn abzudecken und somit eine anzustrebende Verbesserung im zukünftigem Verkehrssegment darstellen wird. Die Erkenntnisse aus dieser Studie haben bis heute einen maßgeblichen Einfluß auf die Entscheidungen der Verantwortungsträger in der Politik ausgeübt.

9.1.2 Akzeptanzprobleme in der Bevölkerung

Gerade beim Transrapid zeigt sich, welch entscheidende Rolle dessen Akzeptanz in der Bevölkerung für den Durchbruch eines neuen Verkehrssystems spielt. Vielfach fehlt bei der Urteilsbildung das nötige Hintergrundwissen, so daß dadurch oftmals sinnvolle technische Neuentwicklungen gebremst bzw. ganz ausgesetzt werden, obwohl sie eigentlich der überwiegenden Mehrheit der Bevölkerung nützen würden.

Meist reduziert sich die Betrachtungsweise primär auf die betriebswirtschaftlichen Erfolgsaussichten der Schnellbahnen. Überlegungen zur grundsätzlichen Nützlichkeit und zum Erfordernis der Hochgeschwindigkeitsbahnen kommen dabei oft zu kurz, ungeachtet deren essentieller Bedeutung. Die Attraktivität eines Verkehrsmittels, die sich an den Wünschen potentieller Kunden orientiert, ist die Voraussetzung für jeglichen wirtschaftlichen Erfolg. KLÜHSPIES hat in einer veröffentlichten Umfrage[170] diese Frage des Nutzens in den Vordergrund gestellt. Demnach sehen 65 % der Befragten die Möglichkeit der Attraktivitätssteigerung des öffentlichen Personenfernverkehrs durch die gegenseitige Förderung von Transrapid und ICE. Knapp 70 % stimmen der Aussage zu, der Transrapid könnte eine interessante Alternative zu Kurzstreckenflügen darstellen. Dagegen lehnt fast jeder Zweite den Vorschlag des Ersatzes des ICE durch den Transrapid auf langen Fahrstrecken ab (bei 36 % Zustimmung). Die partiell verbreitete Skepsis gegenüber neuartigen Verkehrssystemen spiegelt sich in den Befragten (38,%) wider, die eine ablehnende Haltung zum Transrapid und dessen Wichtigkeit für eine leistungsfähige, fortschrittliche Mobilität in Deutschland einnehmen.[171]

Eine weitreichende Akzeptanz eines Verkehrssystems ist für dessen wirtschaftlichen Erfolg und damit für seine dauerhafte Beständigkeit unerläßlich. Hier besteht noch Handlungsbedarf hinsichtlich einer Imageverbesserung, wie die oben erwähnten Umfrageergebnisse zeigen. In abgeschwächter Form gelten diese Aussagen auch für den ICE, wobei dieser bereits über eine relativ weitreichende Akzeptanz[172] verfügt.

9.1.3 Interessensgruppen

Zahlreiche Interessensgruppen spielen im Zusammenhang mit der Frage nach einer grundsätzlichen Zweckmäßigkeit des Hochgeschwindigkeitsverkehrs eine Rolle. Für eine Gesamtbeurteilung

---

[170] Vgl. Klühspies 2001.

[171] Vgl. ebd. S. 92f.

[172] Vgl. Martinsen, Rahn 1997, S. 97f, Mnich, Marschollek 1995, S. 83ff und kontrovers dazu: Zängl 1993, S. 55ff, Sauter 1995, S. 131ff.

dieser Frage sind die einzelnen Interessenslagen und Belange der unterschiedlichen Anspruchsgruppen abzuwägen und zu bewerten.

- **Staat:** Der Staat verspricht sich einerseits von der Förderung der deutschen Schnellbahnen wirtschaftsfördernde Effekte, die zur Sicherung und Vermehrung von Arbeitsplätzen[173] beitragen und vor allem auf eine Infrastrukturverbesserung und dadurch ganz allgemein auf eine Erhöhung des Lebensstandards abzielen. Daneben spielen wohl auch Prestigegedanken eine Rolle. Andererseits steht der Staat den Hochgeschwindigkeitsbahnen kritisch gegenüber, da die sehr hohen Investitionskosten den Staatshaushalt erheblich belasten. Grundsätzlich unterstützt er Maßnahmen, die dazu dienen, Verkehrsanteile von der Straße auf die Schiene zu verlagern.[174]

- **DB AG:** Sie versucht mit dem ICE (und möglicherweise zukünftig auch mit dem Transrapid) den Wünschen ihrer Kunden nach sicheren, schnellen und komfortablen Verkehrsmitteln zu entsprechen und die Attraktivität der Bahn zu steigern. Selbstverständlich ist die DB AG besonders auch am wirtschaftlichen Erfolg ihrer Hochgeschwindigkeitszüge interessiert. Der ICE als Aushängeschild des „Unternehmen Zukunft" genießt die uneingeschränkte Unterstützung der DB AG.

Eine ambivalente, wenn nicht zwiespältige Rolle kommt der DB AG allerdings im Zusammenhang mit der Marktetablierung des Transrapid zu, wo sie zwar in der Öffentlichkeit meistens als Befürworter dieser Technologie auftritt, in Wirklichkeit aber bislang überwiegend eine Blockadehaltung einnimmt. Wenngleich sie teilweise durchaus stichhaltige Argumente vorbringt (meist finanzielle Fragen betreffend), die gegen eine Referenzstrecke für den Transrapid in Deutschland sprechen, so kommen vielfach auch die hintergründigen Prioritäten - die Bevorzugung des ICE - hinter der unausgewogenen Argumentationsweise zum Vorschein. Trotz vielfacher und teilweise recht intensiver Unterstützung dieser Technologie durch die Politik und die Industrielobby verhinderte sie bislang durch ihren beträchtlichen Einfluß (mangels Alternativen wurde meistens der DB AG bei den bisherigen Transrapidprojekten die Betreiberrolle zugedacht) jegliche Chance auf eine erste Anwendungsstrecke für den Transrapid in Deutschland[175]. In der Vergangenheit zeigte sich auch, daß die Haltung der DB AG zur Transrapidtechnologie stark von der persönlichen Einstellung des jeweiligen Vorstandsvorsitzenden abhängig war.

---

[173] Gemäß einem an der TU-Berlin erstellten Gutachten wären während der Bauphase der Transrapidstrecke Berlin-Hamburg 18.000 und im Betrieb immerhin noch 4.400 neue Arbeitsplätze entstanden.

[174] Trotz zahlreicher offizieller Verlautbarungen zu dieser Thematik, geschieht dies derzeit nur in relativ bescheidenem Maße.

[175] Auch für die gescheiterte Transrapidverbindung Berlin-Hamburg war die DB AG als Betreiber vorgesehen. Bei der Bahn scheute man sich letztendlich davor, daß Betreiberrisiko für ein technologisch noch nicht hundertprozentig ausgefeiltes Verkehrsmittel zu übernehmen und damit zugleich dem eigenen Prestigezug ICE Konkurrenz zu machen.

- **Industrie:** Sie unterstützt die Forcierung des HGV, da sie in erster Linie ihre Produkte (Züge und Fahrwege) absetzen will und das Ziel verfolgt neue Aufträge zu erhalten. Dies gilt sinngemäß für die Zuliefererindustrie (für Fahrzeug- und Fahrwegausrüstung) sowie für die Baufirmen, die vom Streckenneubau profitieren. Für die Interessensvertreter der Industrie spielen vor allem auch die Exportmöglichkeiten in andere Länder eine tragende Rolle, die sich bei nationalen Erfolgen erheblich verbessern würden.

- **Bürger:** Sie profitieren unmittelbar als potentielle Kunden von Alternativen im Verkehrsmarkt, die zur Infrastrukturverbesserung beitragen. Sie begrüßen die positiven Arbeitseffekte, die sich bei der Projekterstellung und in der Betriebsphase ergeben. Nicht zuletzt befürworten sie größtenteils ein umweltfreundlicheres Verkehrsmittel, das die negativen ökologischen Auswirkungen des Flug- und Autoverkehrs vermindern kann. Ein zunehmend größerer Teil der Bürger hat aber auch ein Interesse an einer Vermeidung weitere Staatsausgaben und steht daher dem Ausbau des Hochgeschwindigkeitsverkehrs skeptisch gegenüber.

- **Anwohner:** Sie sind die einzige Interessensgruppe, für die ein HGV-Projekt nur mit Nachteilen verbunden ist (sofern sie nicht aktiv daran partizipieren). Ihr Einfluß bleibt aber lokal beschränkt und ist daher relativ gering. Die Anwohner sehen die Trasse hauptsächlich als Störfaktor, da sie der Lärmbelästigung direkt ausgesetzt und auch durch die Beeinträchtigung des Landschaftsbildes unmittelbar betroffen sind. Zudem wirkt sich die Nähe eines Grundstücks zu einer Schnellbahntrasse ungünstig auf die Immobilienpreise aus, so daß die Anwohner mit einem Wertverlust ihres Eigentums zu rechnen haben.

- **Umweltschutzverbände:** Sie stellen vorwiegend die negativen Auswirkungen des Verkehrs in den Vordergrund und verneinen teilweise die Frage nach einer Notwendigkeit des Hochgeschwindigkeitszüge. Vielfach wird die Forderung erhoben, anstatt neuer Strecken für den ICE und den Transrapid zu bauen, die Gelder für die Modernisierung und die Verdichtung des Nahverkehrs zu verwenden. Innerhalb der Umweltverbände existieren aber sehr unterschiedliche Meinungen zu diesem Thema. Einigkeit besteht darüber, daß grundsätzlich eine Verlagerung des Flug- und Autoverkehrs auf umweltverträglichere Verkehrsmittel erfolgen sollte. Hierbei bevorzugen sie größtenteils den Bahnverkehr als Alternative[176].

Diese unvollständige Zusammenstellung einzelner Belange der betroffenen Personen und Organisationen zeigt, wie unterschiedlich die Auswirkungen eines Hochgeschwindigkeitsverkehrsnetzes, je nach Standpunkt, sein können. Zusammenfassend läßt sich ein leichtes Übergewicht der positiven Konsequenzen des HGV auf die Interessen und Bedürfnisse aller beteiligten Gruppen feststellen.

9.1.4 Ergebnis

Der Bahnverkehr kann im allgemeinen als das umweltverträglichste und sicherste (vgl. Kap. 7.2) Verkehrsmittel angesehen werden[177]. Dies gilt eingeschränkt auch für den spurgebundenen Hoch-

---

[176] Vgl. Wulf, S. 1-3.

[177] Vgl. Füsser, S. 54ff.

geschwindigkeitsverkehr, da sich hier durch die Ausreizung der Systeme in puncto Höchstgeschwindigkeit und Beschleunigungsvermögen ungünstigere Werte vor allem bei den Gesichtspunkten Lärmemissionen und Energieverbrauch ergeben. Trotzdem liegt der Energieverbrauch der deutschen Schnellbahnen ICE und Transrapid deutlich unterhalb dem von Flugzeug und PKW. Die Leistungsfähigkeit auf stark frequentierten Strecken spricht ebenfalls für die Bahnen.

Nach überwiegender Ansicht der Experten und Entscheidungsträger in Politik und Wirtschaft stellt der spurgebundene Hochgeschwindigkeitsverkehr eine positive Bereicherung des Verkehrsangebotes dar, welcher in der Lage zu sein scheint, die bestehende Lücke zwischen Flugzeug und Individualverkehr zu schließen. Dies gilt gerade auch im Hinblick auf die derzeitigen Verkehrsprognosen, die allesamt - unabhängig von den jeweils zugrunde gelegten Szenarien - einen weiteren Anstieg des Verkehrsaufkommens erwarten lassen[178].

Die herkömmlichen Verkehrsträger stoßen angesichts dieser Entwicklung an die Grenzen ihrer Leistungsfähigkeit. Schon jetzt verursachen die Staus auf unseren Straßen volkswirtschaftliche Schäden in Milliardenhöhe. Neben Maßnahmen zur Reduzierung der Verkehrsströme sind daher solche zur Umlagerung auf geeignetere Verkehrsmittel unerläßlich.[179] In diesem Zusammenhang können die Hochgeschwindigkeitszüge ein wichtiges Instrument zur besseren Verteilung der Verkehrsströme darstellen. Dadurch ließe sich auch eine der zahlreichen negativen Begleiterscheinungen des dominierenden PKW-Verkehrs abschwächen, nämlich die Parkraumnot und die damit verbundene Beanspruchung von wertvollen Flächen[180]. Hier erscheint nicht nur aus ökologischen Gründen eine Verbesserung sinnvoll zu sein, sondern auch in volkswirtschaftlicher Hinsicht[181] würden sich Vorteile ergeben, wenn nicht ständig neue Parkplätze errichtet werden müßten. Ganz zu schweigen von den indirekt damit zusammenhängenden Kosten, die durch die zunehmende Flächenversiegelung und die dadurch vermehrt auftretenden Hochwasserereignisse hervorgerufen werden.

Die Notwendigkeit eines leistungsstarken Verkehrssystems, welches aufgrund seiner Vorzüge in puncto Umweltverträglichkeit und Sicherheit den Konkurrenten PKW und Flugzeug vorzuziehen ist, kann als gegeben angesehen werden. Dies schließt eine Aufteilung und Anpassung desselben an die unterschiedlichen Anforderungen an ein Massenverkehrsmittel mit ein, so daß neben der Güterbeförderung der flächendeckende Personennahverkehr und auch die zielgerichtete, effiziente Verbindung von Ballungsräumen (Personenfernverkehr) als Aufgabenfelder erwachsen. Um letztere Funktion wahrzunehmen, eignen sich die Hochgeschwindigkeitsbahnen besonders.

---

[178] Vgl. Holzbaur, Kolb, Roßwag 1996, S. 217f.

[179] Vgl. Köhler 2001, S.107-129.

[180] Der Flächenbedarf von Abstellflächen für nicht in Betrieb befindliche Züge ist angesichts der wesentlich geringeren Stückzahl vergleichsweise gering.

[181] Nach Kösters 2002, S. 95, sollen bis zu 75 % des (PKW-) Innenstadtverkehrs auf Parkplatzsuche zurückzuführen sein.

9.2 Anwendungsstrecken

9.2.1 ICE-Verbindungen

Wie bereits mehrfach erwähnt, verkehrt der ICE derzeit nicht nur auf Neubaustrecken, sondern vielfach auch auf ausgebauten Bestandsfahrwegen. Das derzeitige Streckennetz umfaßt ca. 6000 km (davon ca. 800 km NBS). Im Anhang 4a sind die aktuellen Verbindungen der ICE-Züge, auch die der Neigetechnikvarianten, aufgeführt.

Der Startschuß für den kommerziellen Betrieb des ICE in Deutschland erfolgte 1991 auf der ersten deutschen Neubaustrecke zwischen *Hannover und Würzburg* (Länge 327 km). Die immensen Baukosten von ca. 12 Mrd. DM resultierten vor allem aus dem hohen Anteil an Kunstbauwerken (Tunnelanteil 37 %), die durch die Mittelgebirgstopographie erforderlich wurden und den kostenintensiven Ausgleichsmaßnahmen für den Naturschutz. Beim Bau der Strecke *Mannheim-Stuttgart*, die ebenfalls 1991 fertig wurde, waren die Verhältnisse ähnlich (31 % Tunnelanteil). Die nur 99 km lange Strecke erforderte einen Kapitalaufwand von 4,5 Mrd. DM.

Nach und nach wurden weitere Aus- und Neubaustrecken fertiggestellt und das innerdeutsche ICE-Streckennetz weiter verdichtet. Ein Schwerpunkt lag dabei in der Wiederherstellung der Verkehrswege, die durch die jahrzehntelange Teilung der beiden Staaten unterbrochen waren. Das Kernstück der Verkehrsinfrastrukturmaßnahmen nach der Wiedervereinigung sind bis heute die „Verkehrsprojekte Deutsche Einheit"[182], die unter anderem auch den Schienenhochgeschwindigkeitsverkehr betreffen und hier zu einem relativ raschem Aus- bzw. Neubau der wichtigsten Verbindungslinien führten und führen.

Hier sind in erster Linie die Verbindungen von Berlin nach Hamburg bzw. nach Hannover zu nennen. Nachdem die Pläne für eine Transrapidstrecke zwischen Hamburg und Berlin aufgegeben wurden, entschloß man sich seitens der Bahn, die bestehende Eisenbahnverbindung weiter auszubauen. Nach Abschluß der Modernisierungsarbeiten (zweite Ausbauphase) an dieser 286 km langen Strecke Ende 2004, sollen hier erstmals auf einer ABS ICE-Züge mit Geschwindigkeiten bis zu 230 km/h verkehren. Damit kann die Fahrzeit zwischen den beiden größten deutschen Städten von bisher zwei Stunden und acht Minuten auf ca. eineinhalb Stunden reduziert werden.

Auf der noch nicht ganz fertiggestellten NBS/ABS *Hannover-Berlin* (Länge 264 km, Gesamtkosten 5,4 Mrd. DM[183]) verkehren seit 1998 ICE-Züge. Die Fahrzeit zwischen diesen beiden Städten konnte um eine Stunde auf 1 h 47 min reduziert werden. Erstmalig wurden hier größere Streckenabschnitte in Fester Fahrbahn ausgebildet.[184]

---

[182] Vgl. Eckart 2000, S. 161ff.

[183] Die im „Bericht zum Ausbau der Schienenwege 2001" (Bundesverkehrsministerium 2001) angegebenen Zahlenwerte für die Investitionskosten der einzelnen Streckenprojekte basieren auf dem Bundesverkehrswegeplan 1992 und sind daher noch in DM und nicht in Euro aufgeführt. Sofern sich im laufenden Text eine Kostenangabe auf diese Quelle bezieht, wird die DM als Währungsangabe beibehalten.

[184] Vgl. Werske 2002.

Die ABS/NBS Nürnberg-Erfurt (Streckenlänge 218 km, davon 122 NBS) ist aufgrund ihrer Trassenführung durch den Thüringer Wald und den damit verbundenen hohen Investitionskosten (hoher Tunnel- und Brückenanteil) besonders umstritten. Sie soll später einmal ein Teilstück der Hochgeschwindigkeitsverbindung Berlin-München bilden, die den Planungen zufolge 2012 fertig sein soll. Dieser Termin wird wegen der großen Finanzierungsschwierigkeiten aller Wahrscheinlichkeit nach nicht eingehalten werden können. Die Weiterführung der vorgenannten Strecke über Erfurt hinaus nach Halle und Leipzig befindet sich ebenfalls im Bauzustand. Hier soll gleichfalls eine Mischform aus Neu- und Ausbaustrecke errichtet werden. Die Sanierung der bestehenden, 187 km langen Strecke Berlin-Leipzig ist dagegen schon so gut wie abgeschlossen. Sie ist für Geschwindigkeiten bis 200 km/h konzipiert und wird gegenwärtig vom ICE T befahren.

Angemerkt werden muß in diesem Zusammenhang, daß der Streckenaus – bzw. Neubau für den Hochgeschwindigkeitsbetrieb in Deutschland nur sehr schleppend erfolgt, was angesichts der enormen Investitionskosten auch nicht verwunderlich erscheint. Vielfach stehen aber auch die äußert umfangreichen Planungsprozesse in Deutschland einer schnelleren Realisierung im Wege. So verzögerten zum Beispiel über 10000 Einsprüche zu 173 Planfeststellungsverfahren den Bau der NBS Hannover-Würzberg erheblich, so daß annähernd zwanzig Jahre bis zu deren Fertigstellung vergingen. Zwar können Rekordzeiten hinsichtlich der Planungsphase, wie sie zur Zeit beim Bau der Transrapidstrecke in Schanghai vorexerziert werden, nicht als Maßstab herangezogen werden, da die Verhältnisse in China nicht mit denen in Mitteleuropa vergleichbar sind. Eine straffere Vorgehensweise - unter Beibehaltung der gesetzlich vorgeschriebenen und durchaus sinnvollen Abwägung der Interessen aller Beteiligten im Rahmen des Planungsprozesses (Träger öffentlicher Belange, Bürger, Natur- und Umweltschutz etc.) - ist nicht nur wünschenswert, sondern durchaus auch im Rahmen des Möglichen, wie das Beispiel Frankreich, mit den wesentlich schnelleren Realisierungszeiten für die TGV-Strecken, zeigt.

Eine neue Ära im deutschen Hochgeschwindigkeitsverkehr wurde mit der offiziellen Inbetriebnahme der NBS *Köln-Frankfurt/Main* (vgl. Anhang 4b) eingeleitet. Nachdem zuvor bereits einige Teilstücke der 177 km langen Strecke genutzt wurden, erfolgte am 15. Dezember 2002, zeitgleich mit einem der umfangreichsten Fahrplanwechsel in der Geschichte der deutschen Eisenbahn, die Eingliederung der Gesamtstrecke in das Netz der DB AG. Hierbei handelt es sich um die erste *artreine*[185] NBS in Deutschland, das heißt die Strecke ist alleine dem personenbezogenen Hochgeschwindigkeitsverkehr mit dem ICE 3 vorbehalten (kein Mischbetrieb). Bei der Trassierung der Strecke mußte folglich keine Rücksicht auf die Anforderungen der schwerfälligen Güterzüge genommen werden, so daß erstmalig Steigungen bis zu 4% (anstatt wie bisher bei Mischbetrieb 1,25%) verwirklicht werden konnten. Damit war es möglich, das „Nadelöhr" Rheingraben zu umgehen und eine direktere Linienwahl durch die Mittelgebirge Taunus, Westerwald und Siebengebirge, größtenteils in enger Bündelung mit der Bundesautobahn A 3, zu vollziehen. Die Streckenlänge konnte dadurch im Vergleich zur alten Rheintaltrasse um 45 km reduziert werden. Ein Novum auf dieser Strecke ist auch die fahrplanmäßige Höchstgeschwindigkeit von 300 km/h (auf

---

[185] Zum Vergleich: TGV und Shinkansen verkehrten von Anfang an nur auf solchen artreinen Neubaustrecken.

den bisherigen HGV-Strecken waren nur Höchstgeschwindigkeiten zwischen 250 und 280 km/h zulässig). Dadurch verringerte sich die Reisezeit zwischen den Hauptbahnhöfen von Köln und Frankfurt/Main von über zwei Stunden auf 76 Minuten.[186]

Die zukünftigen Streckenprojekte sind im *Bericht zum Ausbau der Schienenwege 2001*[187] des BUNDESVERKEHRSMINISTERIUMS aufgeführt (vgl. Anhang 4c), wobei angemerkt werden muß, daß deren Realisierung noch nicht hundertprozentig sichergestellt ist. Die meisten dieser Strecken stellen eine Mischform aus Neu- und Ausbaustrecke dar.

Hervorzuheben von diesen Vorhaben ist die sog. POS-Verbindung. Hinter dem Namenskürzel verbirgt sich die Bezeichnung für einen der wichtigsten Korridore innerhalb des europäischen HGV-Netzes, Paris-Ostfrankreich-Südwestdeutschland, der später einmal, den Planungen der EU zufolge, mindestens bis nach Wien reichen soll. Die Strecke gliedert sich in zwei Abschnitte, wobei der bedeutendere nördliche Zweig, der über Saarbrücken nach Ludwigshafen führt, zwischenzeitlich für die Nutzung mit Neigetechnikzügen ertüchtigt wurde. Der endgültige Ausbau der Strecke für eine planmäßige Höchstgeschwindigkeit von 200 km/h soll Ende 2006 abgeschlossen sein. Bis dahin ist auch mit der Fertigstellung des südlichen Astes, dem auf deutscher Seite nur 17 km langem Verbindungsstück zwischen Kehl und Appenweier, zu rechnen. Ziel dieser Maßnahme ist es, eine Verbindung der Linie Paris-Straßburg mit der oberrheinischen Hochgeschwindigkeitsstrecke Karlsruhe-Basel herzustellen.

Weitere Projekte im süddeutschen Raum sind die NBS/ABS Nürnberg-Ingolstadt-München sowie der Neubau der Verbindung Stuttgart-Ulm, der zusammen mit der Tieferlegung des Stuttgarter Hauptbahnhofes (Projekt „Stuttgart 21") verwirklicht werden soll. Die letztgenannte NBS soll, ebenso wie der Abschnitt zwischen Nürnberg und Ingolstadt, für eine Höchstgeschwindigkeit von 300 km/h ausgelegt werden. Zwischen Ingolstadt und München erfolgt ein Ausbau der bestehenden Bahnlinie auf 180-200 km/h. Langfristig soll auch eine verbesserte Schnellfahrverbindung zwischen München und Stuttgart mit Anschluß an die POS-Süd-Strecke hergestellt werden.

Eine große Bedeutung wird zukünftig auch der Verbindungslinie zwischen Mannheim und Frankfurt (Streckenlänge 75 km) zukommen, die die Lücke zwischen den NBS Köln-Rhein-Main und Mannheim-Stuttgart schließen soll. Damit soll eine deutliche Verbesserung bei der Verkehrsanbindung der Ballungsräume Rhein/Main und Rhein/Neckar erzielt werden und die vorhandenen Kapazitätsengpässe beseitigt werden. Ab dem Jahr 2008 soll der Betrieb, mit Geschwindigkeiten bis zu 300 km/h, auf dieser Strecke aufgenommen werden.

Weiterhin ist geplant, die Strecke von Köln nach Aachen auf 250 km/h auszubauen und damit die Attraktivität der nordwesteuropäischen Hauptverbindungslinien Paris-Brüssel-(Amsterdam/)Köln bzw. London-Brüssel-Köln zu steigern.[188]

---

[186] Vgl. Brux 2002, S. 28-33.

[187] Bundesministerium für Verkehr 2001.

[188] Vgl. Bahntech 4/2002, S. 9.

9.2.2 Transrapidprojekte

Die Binsenweisheit, wonach aller Anfang besonders schwer ist, bewahrheitete sich bei der Suche nach einer ersten echten Einsatzstrecke für den Transrapid. Nachdem bereits annähernd 100 verschiedene Relationen auf ihre Tauglichkeit geprüft und letztendlich doch immer verworfen wurden, kam die positive Nachricht von der Vertragsunterzeichnung in Schanghai am 23. Januar 2001 doch ziemlich überraschend; zumal die Magnetbahn Transrapid zu diesem Zeitpunkt durch das Scheitern der Referenzstrecke Berlin-Hamburg schon fast endgültig auf dem Abstellgleis stand.

Die weltweit erste Anwendungsstrecke für den Transrapid wird nun bezeichnenderweise in China und nicht in Deutschland gebaut. Zweifelsohne ist dies ein bedeutender, wenn nicht der bisher wichtigste Meilenstein in der Geschichte des Transrapid. Zu Recht feiert die deutsche Magnetbahn-Industrie die Entscheidung für diese Pilotstrecke als großen Erfolg, der möglicherweise den endgültigen Durchbruch für die Magnetbahn auf dem internationalen Verkehrsmarkt einläutet. Gleichzeitig ist aber zu bedenken, daß sich damit das Zentrum der Forschungstätigkeit zu diesem Technologiebereich und damit auch teilweise das Wissenspotential von Deutschland - das bisher auf dem Gebiet der Magnetschwebebahntechnologie weltweit die führende Stellung einnahm - nach Ostasien verlagert. Schon haben die Chinesen erste Patente, die vor allem die Weiterentwicklung des hybriden Fahrweges betreffen, angemeldet. Gar nicht so unwahrscheinlich ist es, daß sie zukünftig mit einer eigenen Magnetschwebebahnentwicklung auf dem Weltmarkt erscheinen und die deutschen und japanischen Versionen verdrängen.

Zur Realisierung des Schanghaier Transrapidprojektes wird eine Aufgabenteilung vorgenommen: Das Betriebssystem (Fahrzeuge, Antriebs- und Schwebeeinrichtungen, Energieversorgung, Leittechnik, Systemtechnik etc.) wird von einem deutschen Industriekonsortium, bestehend aus Transrapid International, Siemens und Thyssen-Krupp, geliefert (ebenso die acht Stahlbiegeweichen). Die chinesische Seite, vertreten durch die Shanghai Maglev Transportation Development Co. Ltd. (SMTDC), übernimmt den Bau des Fahrweges und der Stationen. Die Investitionskosten für diese Strecke (vgl. Anhang 5a) verteilen sich ungefähr gleichmäßig auf die beiden Anteile (die deutsche Bundesregierung gewährte dazu einen projektgebunden Zuschuß in Höhe von 100.000 €). Mit dieser 30 km langen Strecke soll der internationale Flughafen Pudong mit dem Finanzzentrum Lujiazui möglichst effektiv verbunden werden. Schanghai ist mit seinen derzeit 9,5 Mio. Einwohnern (Agglomeration: 14,5 Mio. Einwohner[189]) die größte Stadt Chinas und gleichzeitig eine der bedeutendsten Industrie- und Handelsstädte im ostasiatischen Raum. Um das dynamische Wachstum dieser Wirtschaftsmetropole aufrecht zu erhalten - der internationale Großflughafen Pudong soll bis zur Expo im Jahr 2010 um einen weiteren Terminal erweitert werden[190] - soll mit der in-

---

[189] Vgl. Brockhaus 2000. Anderen Berechnungen zufolge leben im Großraum Schanghai bereits 17 Mio. Menschen. Mit dieser Einwohnerzahl ist Schanghai nach Tokio die zweitgrößte Megastadt Asiens und die viertgrößte der Welt insgesamt (vgl. Opitz 2001, S. 54).

[190] Den Planungen zufolge soll der internationale Flughafen Schanghai-Pudong bis 2020 zum größten Luftdrehkreuz Asiens ausgebaut werden. Dann wird ein Verkehrsaufkommen von 70 Mio. Fluggästen pro Jahr erwartet, wovon prognostizierte 50 % der Fahrgäste den Transrapid zur An- und Abreise benutzen werden (vgl. TRI 2001).

novativen Bahntechnik des Transrapid eine funktionierende, leistungsfähige Infrastruktur geschaffen werden. Bereits Ende 2003 soll der Teilbetrieb (Vollbetrieb ab Mitte 2004) auf der Strecke aufgenommen werden. Mit der maximalen Betriebshöchstgeschwindigkeit von 430 km/h wird dann die Reisezeit zwischen den beiden Stationen nur noch acht Minuten betragen - bisher brauchte man mit PKW bzw. Bus ca. 45 Minuten (ohne Stau).

Das gesamte Auftragsvolumen für dieses Streckenprojekt - welches spätestens seit der medienwirksamen VIP-Fahrt[191] einen weltweiten Bekanntheitsgrad erreicht hat - soll sich in einer Größenordnung von 1,2 Mrd. Euro bewegen. Darüber hinaus bestehen gute Chancen, daß der Transrapid auch als Transportmittel für die vorgesehene 1300 km lange Hochgeschwindigkeitsstrecke zwischen Schanghai und Peking und/oder für die Verbindung mit der ca. 210 km südwestlich von Schanghai gelegenen Hafenstadt Hangzhou den Zuschlag erhält. Offenbar erhofft man sich in China mit dem prestigeträchtigen Einsatz des Transrapid als Verkehrsmittel den Rückstand gegenüber dem Westen aufzuholen und gleichzeitig im Teilbereich HGV überholen zu können, um die Rolle als kommende Supermacht auch auf dem Verkehrssektor zu demonstrieren.

In Deutschland erfolgte zeitgleich mit der Bekanntgabe des Scheiterns der Transrapidstrecke Berlin-Hamburg am 5. Februar 2000 die Ankündigung, daß die Magnetbahntechnologie grundsätzlich weitergefördert werden soll. Dazu wurden fünf Alternativstrecken in einer Vorstudie untersucht, wobei sich die beiden Strecken München Hbf - München Flughafen und Düsseldorf Hbf - Dortmund Hbf (optional bis Dortmund Flughafen) als die günstigsten herauskristallisierten. Hierfür gab die Bundesregierung[192] eine Machbarkeitsstudie mit integrierter Umweltverträglichkeitsstudie in Auftrag, die Anfang 2002 der Öffentlichkeit vorgestellt wurde[193]. Diese Studie verfolgte das Ziel, die verkehrliche Zweckmäßigkeit, die wirtschaftliche Realisierbarkeit und die Umweltverträglichkeit dieser beiden Magnetschnellbahnstrecken zu erörtern. Sie ergab für beide Vorhaben ein positives Ergebnis, so daß als nächster Schritt die Planfeststellungsverfahren eingeleitet werden soll(t)en. Dieser zeitlichen Planung machte bekanntlich die Politik einen Strich durch die Rechnung (vgl. Kap. 10).

Wenngleich sich die beiden Magnetbahnprojekte (vgl. Anhang 5b) in vielerlei Hinsicht ähneln, gibt es doch auch Unterschiede, vor allem konzeptioneller Art. Während die knapp 37 km lange Strecke in Bayern als Flughafenzubringer fungiert (ohne Zwischenhalt) und den optimalen Anschluß des Münchner Flughafens an das Fernbahnnetz der DB AG gewährleisten soll, hätte die 78,9 km lange Metrorapidstrecke eine schnelle und leistungsfähige Regionalverkehrsverbindung zwischen den wichtigsten Städten im Ruhrgebiet, dem größtem Ballungsraum Europas, darstellen sollen. Gemeinsamkeiten bestehen dahingehend, daß beide Projekte auf hochfrequentierten Ver-

---

[191] In Anwesenheit von Bundeskanzler Gerhard Schröder und dem chinesischen Ministerpräsidenten Zhu Rongji absolvierte der Schanghaier Transrapid am 31.12.2002 seine Jungfernfahrt.

[192] Das Bundesverkehrsministerium erteilte hierzu am 19.01.2001 einen entsprechenden Auftrag an die Planungsgemeinschaft Metrorapid/Transrapid. Diese wird finanziell von den beteiligten Bundesländern unterstützt und setzt sich aus mehreren Ingenieurunternehmen und 12 Fachgutachtern zusammen (vgl. Lindlar 2002, S. 64).

[193] Planungsgemeinschaft Metrorapid - Transrapid 2002.

bindungen ein wesentlich schnelleres Alternativangebot zu den bisherigen Verkehrsträgern darstellen soll(t)en. So ließe sich die Fahrzeit von der Münchner Innenstadt zum internationalen Flughafen von gegenwärtig über 40 Minuten (S-Bahn) auf 10 Minuten mit dem Transrapid verkürzen. Um den Eingriff in den Naturhaushalt und das Landschaftsbild so gering wie möglich zu halten, ist es vorgesehen die Trasse der bayerischen Strecke in enger Bündelung zu bereits vorhandenen Verkehrswegen, überwiegend entlang der BAB A 92, verlaufen zu lassen. (Der Trassenverlauf für den Metrorapid in Nordrhein-Westfalen hätte sich vornehmlich an bestehenden Eisenbahnlinien orientiert.)

Diese beiden möglichen Referenzstrecken für den Transrapid in seinem Stammland waren bzw. sind heftig umstritten, wobei seitens der Kritiker vornehmlich die hohen Investitionskosten ins Feld geführt werden[194]. In der Tat müßten enorme Finanzmittel für den Bau der Strecke in Bayern (bzw. für das Projekt Metrorapid) aufgewendet werden. Die Investitionskosten belaufen sich, den Angaben in der Machbarkeitsstudie[195] zufolge, auf 1,6 Mrd. € für die Münchner Flughafenanbindung (und ca. 3,2 Mrd. € für die Strecke im Ruhrgebiet). Angesichts der ohnehin knappen Finanzmittel der öffentlichen Hand scheinen solche Großprojekte derzeit unter einem ungünstigen Stern zu stehen. Vielfach ertönt daher die Forderung, wonach die bereitgestellten Fördergelder sinnvoller verwendet werden sollten[196]. Dabei darf man bei der Bewertung dieser Strecken nicht deren Nutzen im Vergleich zu möglichen Alternativen außer Acht lassen. Wenn man bedenkt, welcher volkswirtschaftliche Schaden allein durch den Stau im motorisierten Individualverkehr hervorgerufen wird, so erscheinen die vorgenannten Summen unter einem anderen Licht. Denn beide Strecken könnten zweifelsohne einen wichtigen Beitrag zu einer effizienteren Verkehrsabwicklung und damit zur Stauverminderung liefern. Ob sie dann letztendlich in der Lage sind, die laufenden Betriebskosten und Teile der Investitionskosten durch die Fahrpreise zu decken, wie dies zumindest für die bayerische Strecke in der Machbarkeitsstudie behauptet wird[197], erscheint aus dieser Sichtweise nicht mehr die alles entscheidende Frage zu sein, sofern sich mit ihnen die wesentlich höheren Folgekosten für den MIV reduzieren lassen. Denn erstaunlicherweise wird die Zweckmäßigkeit der geplanten Transrapidstrecken vielfach nur an deren Rentabilität festgemacht. Die in der Machbarkeitsstudie enthaltenen Prognosen zu den zukünftigen Fahrgastzahlen werden daher oftmals – m. E. zu Recht - als zu optimistisch bewertet und heftig kritisiert. Dabei wird außer Acht gelassen, daß solche Streckenprojekte keineswegs nur einen Selbstzweck darstellen, um ein möglicht gutes betriebswirtschaftliches Ergebnis zu erzielen.

---

[194] An der Finanzierungsfrage ist daher auch ein heftiger politischer Streit entbrannt. Die bayerische Staatsregierung warf der Bundesregierung vor, das Projekts Metrorapid aus parteipolitischen Erwägungen zu bevorzugen. Nach wie vor ist auch die Finanzierung des Münchner Projektes noch nicht gesichert. Ob die freigewordenen Gelder, die für den Metrorapid vorgesehen waren, nun dem Finanzierungskonzept für die bayerische Strecke aufgeschlagen werden, ist noch nicht geklärt.

[195] Vgl. ebd. S. 7.

[196] So fordert die Mehrheit im rotgrün regierten Stadtrat Münchens sowie zahlreiche Umweltverbände (vgl. Pawelka 2001, S. 4ff) anstelle des Transrapid eine Expreß-S-Bahn vom Münchner Hauptbahnhof zum Flughafen im Erdinger Moos zu bauen.

[197] Vgl. Planungsgemeinschaft Metrorapid - Transrapid 2002. S. 11.

Statt dessen steht vielmehr die verkehrliche Wirkung im Vordergrund. Eine neu zu bauende Autobahn wirft auch keinen Gewinn ab. [198]

Neben den beiden vorgenannten Projekten in Deutschland befinden sich weitere mögliche Transrapidstrecken im Ausland in der Planungsphase [199] - mit mehr oder weniger großen Chancen darauf bald verwirklicht zu werden. Die wichtigsten davon sind Amsterdam-Groningen (Niederlande) und zwei Verbindungen in den USA, die sich derzeit im öffentlich-rechtlichen Planungsprozeß befinden. Dabei handelt es sich zum einen um die 60 km lange Strecke zwischen Baltimore und Washington und zum anderen um eine Linie im Großraum Pittsburgh zwischen dem dortigen Flughafen und dem Stadtteil Greensburg (Länge: 76 km). Die anderen Relationen (z. B. Rio de Janeiro-Sao Paulo), die sich derzeit in der Diskussion befinden, besitzen vorerst nur geringe Chancen auf eine baldige Verwirklichung. Dies trifft vor allem auf die mit EU-Hilfe untersuchten Linien von Berlin ausgehend nach Osten bzw. Südosten (Zielorte: Warschau, Krakau und Budapest) und auf das Projekt Eurorapid zu.

9.3 Exkurs: Konkurrenzverkehrssysteme

Zur Abschätzung der zukünftigen Entwicklung können die beiden deutschen Hochgeschwindigkeitsbahnen ICE und Transrapid nicht isoliert betrachtet werden. Vielmehr stehen sie weltweit unter dem Konkurrenzdruck durch ausländische Schnellbahnen. Die Entscheidung für oder gegen ein bestimmtes Verkehrsmittel hängt von vielerlei Faktoren ab. Durch die große Bedeutung, die solche Schnellbahnen in der Regel für die betreffenden Regionen besitzen, unterliegen sie eigentlich immer dem Einfluß der politischen und ökonomischen Kräfteverhältnisse. Daher ist es wichtig, die Betrachtungsweise nicht nur rein auf die technischen Fakten der unterschiedlichen Transportmittel einzuengen, sondern sie in einen Gesamtzusammenhang zu stellen.

Insbesondere die Verhandlungsverläufe über mögliche Transrapidanwendungsstrecken haben gezeigt, daß seine technische Überlegenheit noch lange nicht dazu führen muß, daß er seine Konkurrenten aussticht. Beispielhaft sei hier die Verbindung zwischen Las Vegas und Los Angeles in Kalifornien genannt, bei der letztendlich aus marktprotektionistischen Gründen die Entscheidung gegen den Transrapid ausfiel.

Dieses Kapitel soll einen kurzen Überblick über die internationalen Schnellbahnentwicklungen geben. Zugleich aber hängen die Zukunftschancen von ICE und Transrapid wesentlich von deren Einordnung im Gesamtverkehrsmarkt ab. Daher wird auch auf die Konkurrenzsituation der beiden zu den anderen gängigen Transportmitteln eingegangen.

---

[198] Hier liegt die gesamte Ausgabenlast (Investitions- und Betriebskosten) beim Bund, ohne daß demgegenüber irgendwelche Einnahmen aus Fahrpreisen stehen (außer indirekt über die Mineralölsteuer und möglicherweise zukünftig über eine LKW-Maut).

[199] Vgl. TRI 2003.

9.3.1 Rad/Schiene Technik

9.3.1.1 Hochgeschwindigkeitsverkehr

Von den ausländischen Hochgeschwindigkeitsbahnen kommt dem TGV die größte Bedeutung zu. Seine Konstruktion ist darauf ausgelegt, die Lücke im französischen Verkehrsangebot zwischen PKW und Kurzstreckenflugzeug zu schließen. Mittlerweile konnte er erfolgreich in mehrere Länder exportiert werden, so daß er im internationalen Wettbewerb den Hauptkonkurrenten für die beiden deutschen Schnellbahnen darstellt. Daneben existieren einige weitere internationale Hochgeschwindigkeitszüge, unter denen der älteste, der japanische Shinkansen, als einziger davon mit Exporterfolgen hervorzuheben ist.

9.3.1.1.1 Der Train à Grande Vitesse (TGV)

Gebaut werden diese Züge von der in Belfort ansässigen Firma Alstom[200]. Erstmals kam ein TGV auf einem Teil der NBS zwischen Paris und Lyon im Jahre 1981 zum Einsatz. Motiviert durch die wirtschaftlichen und verkehrlichen Erfolge auf dieser Strecke wurde das französische HGV-Netz nach und nach verdichtet.[201] Parallel zum Ausbau des Streckennetzes - mittlerweile umfaßt es 1550 km - wurden die Fahrzeuge selbst kontinuierlich weiterentwickelt.

Sämtliche TGV-Generationen basieren auf dem Triebkopfzugkonzept. Erst bei dem projektierten zukünftigen TGV, genannt „AGV" (Automatice à Grande Vitesse) soll das Triebwagenzugkonzept verwirklicht werden. Dieser Zug wird voraussichtlich auch der erste TGV sein, der mittels Wirbelstrombremsen verzögert wird. Daran läßt sich ablesen, daß der jüngere ICE den Entwicklungsvorsprung seines westlichen Nachbarzuges nicht nur aufgeholt, sondern diesen in einigen Bereichen bereits überholen konnte. Trotzdem konnte sich der TGV bisher fast immer im Exportwettbewerb gegen den ICE durchsetzen. Der Grund hierfür liegt darin, daß bei solchen Entscheidungen nicht nur technologische Aspekte eine Rolle spielen. Ausschlaggebend sind oftmals das bessere Verhandlungsgeschick und politische Einflußnahmen, wie das Beispiel Korea[202] zeigt.

Für besondere Anforderungen existieren einige Sonderformen des TGV. Ein Post-TGV verkehrt auf der Strecke Paris-Lyon. Er ist auf den schnellen hochwertigen Güterverkehr spezialisiert. Auf hochfrequentierten Verbindungen kommen doppelstöckige TGVs zum Einsatz kommen. Ein spezieller Neigetechnik-TGV befindet sich in der Erprobungsphase.

9.3.1.1.2 Andere Hochgeschwindigkeitszüge

Der erste Hochgeschwindigkeitszug der Welt überhaupt, der Shinkansen, kann - neben dem TGV - die größten wirtschaftlichen Erfolge in diesem Verkehrssegment aufweisen. Mittlerweile ver-

---

[200] Der Hauptsitz des nach Bombardier zweitgrößtem Eisenbahnbauunternehmens der Welt ist in Paris (vgl. Mechtersheimer 2003, S.30 u. 104).

[201] Vgl. Wolkowitsch 1999, S. 103ff.

[202] Hier erhielt der TGV den Zuschlag für die Strecke zwischen den beiden Großstädten Seoul und Pusan. Ausschlaggebend dafür waren in erster Linie politische Gründe (Vgl. Werske 2002).

kehrt in seinem Stammland Japan bereits die fünfte Generation dieser Züge. Es gelang aber auch, ihn in andere Länder (z. B. Taiwan) zu exportieren. Entwickelt wurde er ursprünglich zu dem Zweck, den innerjapanischen Luftverkehr zu entlasten. Er wird aber nicht nur auf größeren Entfernungen, sondern auch im Nahverkehr (Doppelstockwagen) eingesetzt und stellt heutzutage mit 1840 Streckenkilometern das Rückgrat des Verkehrs in den dicht besiedelten Regionen Japans dar. Er führt vor Augen, daß Stadteinfahrten in Ballungsräumen, wie sie auch beim Transrapid erforderlich sein würden, durchaus realisierbar sind und das mit vertretbaren finanziellen Aufwendungen. Aufgrund seiner Ausrichtung auf die europäische Normalspur fehlt ihm die Kompatibilität zu den herkömmlichen Strecken mit Kapspur[203], was zu aufwendigen Fahrwegkonstruktionen führt, so daß er oftmals dem herkömmlichen Streckennetz durch Aufständerung überlagert ist. Dem Shinkansen, eigentlich *Shin Kansen* („Neue Bahn" bzw. „Neue Strecke"[204]), liegt das Triebwagenzugkonzept zugrunde. Er stellt nach dem TGV den größten Konkurrenten für ICE und Transrapid im internationalen Wettbewerb der Hochgeschwindigkeitsbahnen um Marktanteile dar.

Weltweit verkehren mittlerweile zahlreiche weitere Hochgeschwindigkeitszüge. Zu den bedeutendsten Zügen dieser Art zählt der Eurostar, der gemeinsam von französischen und englischen Firmen gebaut wurde. Er verkehrt seit 1994 auf der wichtigen Relation Paris-London und durchfährt dabei den Kanaltunnel.

Ein Abkömmling des TGV ist der interoperable Thalys. Seine technische Ausrüstung ist darauf ausgelegt, daß er unter drei verschiedenen Stromsystemen fahren kann. Eingesetzt wird er im grenzüberschreitenden Verkehr nach Belgien, Niederlande und Deutschland (Köln).[205] Ebenfalls vom TGV abgeleitet stellt der AVE den ersten Hochgeschwindigkeitszug Spaniens dar. Er verkehrt seit 1992 auf der knapp 500 km langen Verbindung Madrid-Sevilla. Auf dieser Strecke wird derzeit auch ein 350 km/h schneller Zug namens „Talgo 350" getestet, der eigentlich für die wichtigste innerspanische Verbindung (Fertigstellung 2004/2005) zwischen den Metropolen Madrid und Barcelona vorgesehen war. Hierfür erhielt aber der ICE 3 letztendlich den Zuschlag (vgl. Kap. 9.4.2).

In Italien verfügt man über mehrere Versionen der Baureihe ETR, welche derzeit die ersten Abschnitte des geplanten T-förmigen HGV-Streckennetzes befahren. Die meisten dieser Hochgeschwindigkeitszüge sind mit Neigetechnik ausgestattet.[206] Seit Dezember 2000 verkehren die Neigetechnikzüge „Acela-Express" mit Geschwindigkeiten bis zu 240 km/h im Nordosten der Vereinigten Staaten[207]. Und auch in Rußland setzt man auf den Hochgeschwindigkeitsverkehr:

---

[203] Bezeichnung für Spurweiten von 1067 mm.

[204] Diese Bezeichnung rührt von der Verwendung der europäischen Normalspur anstelle der Kapspur her.

[205] Vgl. Jänsch 2001, S. 79f.

[206] Vgl. Werske 2002.

[207] Vgl. Ellwanger 2001, S. 66.

Der 250 km/h schnelle „Sokol" soll bald die beiden wichtigsten Großstädte des Landes, Moskau und St. Petersburg (Streckenlänge 654 km), miteinander verbinden.

9.3.1.2 Regionalverkehr

Der regionale Rad/Schiene-Verkehr stellt keine Konkurrenz für den ICE dar, da dieser aufgrund seines relativ langsamen Beschleunigungsvermögens nicht für Strecken mit vielen Zwischenhalten geeignet ist. Der ICE wird auch zukünftig nur sinnvoll auf längeren Strecken mit wenigen Haltestellen eingesetzt werden können.

Anders ist die Situation beim Transrapid, der ursprünglich für die Verwendung als Langstreckenzug entwickelt wurde. Durch seine Fähigkeit sehr schnell beschleunigen – und auch abbremsen – zu können, eignet er sich zudem besonders für Kurzstrecken, wie etwa Flughafenanbindungen an die jeweiligen Zentren größerer Städte oder aber auch für mittlere Entfernungen innerhalb großer Ballungszentren, wie das Beispiel Metrorapid zeigt. Vor allem die erstgenannte Einsatzmöglichkeit scheint für den Transrapid eine ernstzunehmende Chance darzustellen, sich im Verkehrsmarkt langfristig zu etablieren. Nicht zufällig verfolgt auch die erste Anwendungsstrecke für den Transrapid in China das Ziel, einen internationalen Flughafen an die City möglichst schnell anzubinden. Bei solchen *Flughafenanbindungen*, welche häufig über ein sehr hohes Verkehrsaufkommen verfügen, steht er in Konkurrenz zu U- und S-Bahnen, welche ähnliche Beschleunigungswerte aufweisen. Als flächendeckendes Nahverkehrsmittel eignet sich der Transrapid - allein schon wegen der Investitionskosten - nicht.

9.3.2 Magnetfahrtechnik

In diesem Techniksegment entsteht eigentlich nur aus Japan ernsthafte Konkurrenz für den Transrapid. Die dortigen Magnetbahnentwicklungen befinden sich in einem ähnlichen Stadium zwischen Testbetrieb und erster Anwendung in kleinem Maßstab. Hier ist in erster Linie die Yamanashi-Teststrecke zu nennen, die 1996 fertiggestellt wurde. Diese 18 km lange (davon 16 km Tunnel) Erprobungsstrecke stellt gleichzeitig ein Teilstück der ersten Anwendungsstrecke zwischen Tokio und Osaka dar.[208] Demnächst soll die Entscheidung über eine Weiterführung der Strecke gefällt werden.

Grundsätzlich kann aber nach Meinung vieler Experten die japanische Magnetfahrtechnik noch nicht als ebenbürtig mit dem Transrapid angesehen werden. Ob dieser Rückstand jemals aufgeholt werden kann, bleibt aufgrund der verwendeten EDS-Technologie (vgl. Kap. 2.2.2) fraglich. Daher ist von hier aller Wahrscheinlichkeit nach weniger Konkurrenz für die deutschen Entwicklungen zu erwarten als von den Rad/Schiene gebundenen Schnellbahnen Japans. Ein Vorteil für die japanische Magnetbahnentwicklung liegt aber darin, daß die JRC als Betreiber- und zugleich Forschungsgesellschaft das verfügbare Wissen selbst besitzt und anwendet[209]. Dies ist in Deutschland nicht der Fall.

---

[208] Vgl. Mnich 1997, S. 818f.

[209] Vgl. ebd. S. 816ff.

9.3.3 Motorisierter Individualverkehr und Flugzeug

Die Attraktivität eines Verkehrssystems ist von vielerlei Faktoren abhängig. Ausschlaggebend für die Wahl eines bestimmten Transportmittels sind vordergründig spezifische Ursachen, die fallweise sehr unterschiedlich sein können und von subjektiven Vorlieben und Erfordernissen der Menschen stark beeinflußt werden. Trotzdem lassen sich gewisse Voraussetzungen nennen, unter denen mit hoher Wahrscheinlichkeit die Wahl eines bestimmten Verkehrsmittels zu erwarten ist.

Grundsätzlich bekommt dasjenige Verkehrsmittel den größten Kundenzuspruch, welches hinsichtlich Fahrpreis, Fahrzeit, Sicherheit, Komfort, Erreichbarkeit und Verbindungsfunktion das beste Gesamtangebot abliefert. Die Umweltverträglichkeit spielt bei der subjektiven Entscheidungsfindung eine untergeordnetere Rolle. Sie ist vielmehr bei der verkehrspolitischen Rahmenplanung von Belang. Die Schwerpunkte bei der Wahlentscheidung für ein bestimmtes Personentransportmittel sind abhängig von der jeweiligen Reisemotivation. Bei Geschäftsreisenden steht eine kurze Reisezeit zusammen mit einer garantierten Pünktlichkeit im Vordergrund; bei privaten Urlaubsreisen dagegen mehr der Fahrpreis sowie Fragen der Gepäckunterbringung. Von Bedeutung ist dabei immer auch eine bedarfsgerechte Zeitlage der Züge[210].

Bei Reisezeitvergleichen muß immer von Haus zu Haus ausgegangen werden, ansonsten verlieren die Zahlen an Aussagekraft. Beim motorisierten Individualverkehr braucht auch bei längeren Reisen das Verkehrsmittel nicht gewechselt zu werden. (Daraus resultiert einer der Hauptgründe für dessen Vormachtstellung.) Um mit dem PKW konkurrieren zu können, müssen sich moderne Schnellbahnen neben einem günstigen Fahrpreis durch kürzere Gesamtreisezeiten als sinnvolle Alternative anbieten. Komfort- und Sicherheitsaspekte sind in diesem Zusammenhang eher als zweitrangig anzusehen. Zudem ist eine gute Erreichbarkeit der Bahnhöfe mit Nahverkehrsmitteln (auch PKW) unerläßlich, da der beste Hochgeschwindigkeitszug nicht viel nützt, wenn seine Stationen nur sehr umständlich zu erreichen sind.

Nach JUNG 1988[211] sind Magnetschwebebahnen wie der Transrapid gegenüber dem Flugzeug (hier sind neben der reinen Flugzeit auch die Zeit auf dem Rollfeld und die Abfertigungszeiten mit einzubeziehen) bis zu Entfernungen von 700 km konkurrenzfähig. Diese Aussage stützt sich auf die Gesichtspunkte Reisezeit und Primärenergieverbrauch. Gleiches läßt sich wohl für die Fahrkosten und vor allem für die Sicherheit behaupten. Die Reiseweite innerhalb derer der ICE dem Flugzeug als überlegen angesehen werden kann, läßt sich demnach mit ungefähr 350 km[212] beziffern. ELLWANGER 2001[213] geht bei seinen Untersuchungen sogar bei noch größeren Reiseweiten von Wettbewerbsvorteilen zugunsten der Bahn gegenüber dem Flugzeug aus. Zum Beispiel auf der Strecke Paris – London (Entfernung 494 km) ergibt die Kurve des Modalsplitt

---

[210] Vgl. Fiedler 1999, S. 416.
[211] Jung 1988, S. 106-109.
[212] Vgl. ebd. S. 108.
[213] Vgl. Ellwanger 2001, S.66-71.

Zug/Flugzeug einen Marktanteil von über 60% für die Bahn. Erst ab Fahrzeiten von über vier Stunden verliert der Hochgeschwindigkeitsverkehr seine Vorzüge gegenüber dem Flugzeug[214].

Diese Angaben haben allerdings nur theoretischen Charakter und sind als Durchschnittswerte anzusehen. Die Konkurrenzfähigkeit im Einzelfall hängt sehr stark von den jeweiligen Begebenheiten ab, so daß keine allgemeingültige Aussage getroffen werden kann bis zu welcher Entfernung die Hochgeschwindigkeitszüge gegenüber dem Flugzeug[215] als überlegen angesehen werden können. Dies gilt insbesondere auch für die Konkurrenzsituation zum dominierenden Verkehrsmittel dieser Tage, dem PKW. Hier lassen sich aufgrund der starken Abhängigkeit von der jeweiligen Situation keinerlei direkte Angaben machen. Um den Vorteil des motorisierten Individualverkehrs, zu jeder Zeit nahezu überall hinfahren zu können, auszugleichen, müssen die Bahnen in puncto Fahrpreis, Reisezeit, Komfort, Berechenbarkeit, Häufigkeit der Verbindung, Flexibilität und Sicherheit eine günstige Alternative anbieten.

Das Umweltbundesamt[216] beziffert die jährlich entstehenden externen Kosten des Straßenverkehrs auf rund 133 Milliarden Euro; davon verursacht der Personenverkehr allein knapp 100 Milliarden Euro (Stand 1995). Für das Jahr 2010 wird ein Anstieg der externen Kosten des PKW-Verkehrs von 34 % erwartet. Hier böte der Transrapid (und natürlich auch der ICE) eine effektive Möglichkeit die Verkehrsspitzen des Straßenverkehrs, die weit überproportional die negativen Auswirkungen[217] verursachen (z. B. Staukosten), zu reduzieren und damit insgesamt die Folgekosten des motorisierten Individualverkehrs einzudämmen.

9.4 Resümee und Zukunftsperspektiven

9.4.1 Fazit

Grundsätzlich kann der Bedarf an leistungsfähigeren, sichereren und ökologisch verträglicheren Verkehrssystemen als gegeben angesehen werden. Bei mittleren Reiseentfernungen mit hohem Verkehrsaufkommen können die Hochgeschwindigkeitsbahnen eine sinnvolle Alternative (bzw. Ersatz) zu PKW und Flugzeug darstellen. Dies gilt eingeschränkt für den Transrapid auch auf Kurzstrecken mit höchstem Verkehrsaufkommen. Insbesondere aber eignen sich die Schnellbahnen allein schon durch ihren wesentlich geringeren Energieverbrauch zur Substitution des ökologisch problematischen Binnenflugverkehrs.

Die Frage, ob nun eher der ICE oder der Transrapid diese Position im Verkehrsmarkt einnehmen soll, kann nicht eindeutig beantwortet werden, wenngleich der Transrapid in diesem Zusammenhang unbestreitbar ein höheres Potential besitzt. Dazu müßte zuerst eine genaue und eindeutige

---

[214] Vgl. ebd. S. 70.

[215] In Japan konnte der Shinkansen das Luftverkehrsaufkommen stark einschränken, so daß 14 Fluglinien eingestellt werden mußten (vgl. Rath 1993, S.51).

[216] Vgl. Umweltbundesamt 2003.

[217] Die wichtigsten davon sind: Unfallkosten, Lärm, Luftbelastung, Emission von Treibhausgasen, negative Beeinträchtigung von Natur und Landschaft, Urbane Effekte, vorgelagerte Schäden und Staukosten.

Zieldefinition für ein Verkehrsmittel der Zukunft existieren, was aufgrund der Pluralität der Interessen und Vorstellungen dazu nicht möglich ist. KUTTER[218] stellt in seinem Beitrag zum Sammelband „Transrapid in der Diskussion" die Bewertungsproblematik bei der Frage der Abwägung der einzelnen Interessenslagen in den Vordergrund. Er weist auf die Schwierigkeit hin, eine umfassende Sichtweise bei der Beurteilung der einzelnen Standpunkte unter Berücksichtigung sämtlicher relevanter Aspekte zu erlangen. Trotzdem können die Anforderungen an ein zukunftsweisendes Verkehrssystem zumindest grob umrissen werden:

- Leistungsfähigkeit (Schnelligkeit und Verfügbarkeit)
- Wirtschaftlichkeit (Sowohl hinsichtlich der Investitions- als auch der Betriebskosten)
- Sicherheit
- Umweltverträglichkeit
- Zuverlässigkeit
- Komfort (wobei hier nicht unbedingt die luxuriöse Ausstattung des ICE als Maßstab herangezogen werden kann, die für viele Zwecke als übertrieben erscheint)
- Erreichbarkeit/Kompatibilität mit anderen Verkehrsmitteln

Daneben gibt es sicher noch zahlreiche weitere Gesichtspunkte, vor allem auch einzelfallspezifische, denen ein modernes Verkehrssystem zu genügen hat. Grundsätzlich kann man beiden Bahnsystemen in dieser Hinsicht ein hohes Qualitätsniveau attestieren, welches den hier aufgezeigten Anforderungen größtenteils gerecht wird.

Im direkten Vergleich schneidet der Transrapid in technologischer Hinsicht besser ab als der ICE. Die Magnetfahrtechnik scheint vom System her der Rad/Schiene-Technik, die Belange des Hochgeschwindigkeitsverkehrs betreffend, überlegen zu sein. Ebenso kann der Transrapid als das *sicherere* und *umweltfreundlichere* Transportmittel angesehen werden. Die aufgeständerte Fahrwegform sollte dabei aufgrund ihrer ökologischen Vorteile gegenüber der ebenerdigen, bei gleichzeitig verhältnismäßig geringeren Mehrkosten, bevorzugt angewendet werden. Erwähnenswert ist hierbei die Bauweise mit Vorkopfmontage. Sie ist bei fehlender Reversibilität des Eingriffs aufgrund ihrer höheren Umweltverträglichkeit zu bevorzugen.[219]

Hinsichtlich der Wirtschaftlichkeit verfügt der ICE zumindest zur Zeit noch über leichte Vorteile, da beim Transrapid derzeit noch nicht alle Teilbereiche in kostensparender Serienfertigungsbauweise ausgeführt werden können. Zudem kann der ICE teilweise auch auf bestehenden Strecken verkehren, was zwar für die verkehrliche Funktion nicht optimal ist, dafür aber kurzfristig wesentlich geringere Investitionskosten erfordert. Weiterhin lassen sich mit den Neigetechnikzügen der ICE-Familie Lücken im vorhandenen Streckennetz hinsichtlich des Ausbaustandards für den Hochgeschwindigkeitsverkehr schließen, so daß hiermit eine günstige Alternative als Übergangs-

---

[218] Kutter 1995, S. 11-17.

[219] Vgl. Bundesamt für Naturschutz 1996, S. 201.

lösung zur Verfügung steht. Vorraussetzung dafür ist allerdings, daß die Bahn bzw. die Hersteller die zahlreichen technischen Probleme mit den Neigetechnikzügen der ICE-Familie in den Griff bekommen, die diesen Zügen ein negatives Image aufgrund ihrer notorischen Unzuverlässigkeit bescherten.[220]

Vergleicht man die kurzfristigen Erfolgschancen der beiden Bahnen, so ist zu konstatieren, daß der ICE über einen großen Vorteil gegenüber dem Transrapid verfügt, der aus den umfangreichen Betriebserfahrungen mit ihm resultiert. Erst wenn es gelingt, dieses Hemmnis für die Magnetschwebetechnologie zu beseitigen, können deren systembedingte Vorzüge vollständig zur Entfaltung gebracht werden. Die erste Anwendungstrecke in China ist ein wichtiger Schritt dahin; der endgültige Durchbruch für den Transrapid hängt aber entscheidend mit der Realisierung einer repräsentativen Pilotstrecke in seinem Stammland Deutschland zusammen. Erst dann erscheint eine dauerhafte Etablierung dieses Verkehrssystems im Verkehrsmarkt, die mir aufgrund der vorgenannten Vorzüge dieses Zuges als wünschenswert erscheint, möglich zu sein.

9.4.2 Zukunft der Rad/Schiene-Technik im Hochgeschwindigkeitsverkehr

Die (fast) uneingeschränkte politische Unterstützung und die Tatsache, daß er längst etabliert und angenommen ist (vgl. Bild 9.1), verleihen dem ICE einen nicht unwesentlichen Wettbewerbsvorteil gegenüber dem Transrapid. Ein weiterer Vorteil begründet sich darin, daß der ICE bereits jetzt auf ausländischen Streckennetzen verkehren kann. Das heißt, die notwendige Fahrweginfrastruktur ist bereits (teilweise) vorhanden, was ihm einen bedeutenden zeitlichen Vorsprung gegenüber dem Transrapid verschafft.

Nachteilig wirken sich die systembedingten Grenzen der Rad/Schiene-Technik aus. Zusätzliche Geschwindigkeitssteigerungen zu den bisherigen Werten wären wirtschaftlich und ökologisch nicht mehr zu vertreten. Daher bleibt der Einsatzbereich für den ICE beschränkt, vor allem auch hinsichtlich der möglichen Substitution der ökologisch besonders umstrittenen Kurzstreckenflüge.

Eine Bedingung für die Weiterentwicklung in dem begrenzten Rahmen ist die Vernetzung und Vereinheitlichung der nationalen Standards hinsichtlich Stromsystem, Spurweite, Lichtraumprofil und Zugsicherungssystem. Hier sind in naher Zukunft noch enorme Anstrengungen erforderlich, um diese wettbewerbshemmenden Barrieren aus dem Weg zu schaffen. Gelingt dies, so kann der ICE länderübergreifend einen Teilbereich des Gesamtverkehrsaufkommens sinnvoll abwickeln.

---

[220] Vgl. Bahntech 4/2002, S. 17f.

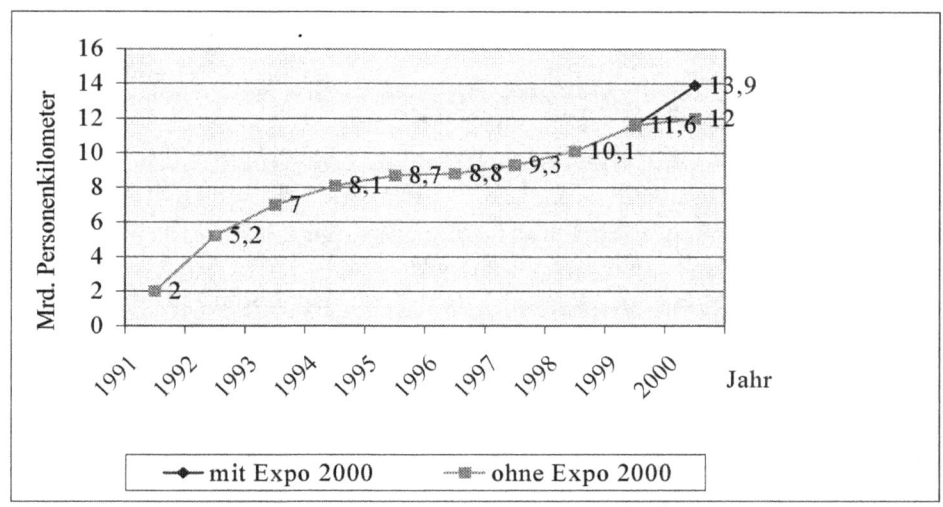

Bild 9.1: Verkehrsentwicklung des ICE (eigene Darstellung, Quelle: Jänsch 2001, S. 61)

Bisher kann der ICE nicht gerade als 'Exportschlager' bezeichnet werden; erste Erfolge sind aber dennoch zu verzeichnen. Neben den vier ICE 3 in Mehrsystemausführung, die bereits von den NS betrieben werden, hat nun auch vor kurzem die spanische Eisenbahngesellschaft 32 Züge dieser Art bestellt. Sie sollen ab 2004 auf der dann fertiggestellten NBS zwischen Madrid und Barcelona verkehren.

Neue Chancen für den Rad/Schiene gebundenen Hochgeschwindigkeitsverkehr könnten sich auch durch die deutsch-französisch-italienische Zusammenarbeit bei der Entwicklung eines gemeinsamen Nachfolgemodells für die jetzige Generation der Hochgeschwindigkeitszüge ergeben. Die drei Bahnen versprechen sich durch die Bündelung ihrer Kräfte erhebliche Kosteneinsparungen, insbesondere sollen die Kosten pro Zugsitzplatz deutlich reduziert werden. Dieses Ziel versucht man mit der Standardisierung der einzelnen Komponenten und den damit verbundenen geringeren Beschaffungs- und Instandhaltungskosten zu erreichen. Der HTE (High Speed Train Europe) - so lautet der vorläufige Name für das gemeinsame Zugprojekt - soll modularisiert aufgebaut sein, so daß für die unterschiedlichsten Anforderungsprofile die entsprechend angepaßte Zugvariante eingesetzt werden kann (z. B. Doppelstockvariante für hochfrequentierte Strecken). Ab 2010 soll dieser interoperable, 320 km/h schnelle Zug auf den europäischen Hochgeschwindigkeitsstrecken eingesetzt werden. Das geplante Nachfolgemodell für den ICE 3, der ICE 21, wird voraussichtlich zugunsten dieses europäischen Zugprojektes, gestrichen.[221]

9.4.3 Chancen für den Transrapid

Das Hauptproblem für die Transrapidtechnologie besteht in der mangelnden Betriebserfahrung mit diesem Verkehrsträger. Der Enthusiasmus mit diesem neuartigen Fortbewegungsmittel, der zu einer relativ schnellen Entwicklung - von den ersten Versuchsträgern zur Erprobung der Nutzbar-

---

[221] Vgl. Bahntech 4/2002, S. 14f.

keit dieser Technologie, bis zum ersten anwendungsnahen Vorserienfahrzeug - führte, ließ etliche Detailfragen in den Hintergrund treten. In der Praxis könnten solche bisher nur unzureichend gelösten Detailprobleme zu erheblichen Schwierigkeiten (wenn nicht gar zum Scheitern) des Transrapid führen. Beispielhaft sei hier eine Thematik angesprochen, die nach der Versuchsaufnahme auf der TVE sogleich akut wurde: die Gefahr der Kollision des Transrapid mit Vögeln, die seinen Fahrweg kreuzen bzw. darauf sitzen. Zusammenstöße mit größeren Vögeln führten teilweise sogar zum Bruch der Frontscheibe des Transrapid. Für das Image eines umweltfreundlichen und sicheren Zuges wirken sich solche Vorfälle sehr negativ aus. Um nicht die Akzeptanz in der Bevölkerung zu verspielen, ist es erforderlich, solche Detailprobleme einer Lösung zuzuführen.

Darüber hinaus existieren zahlreiche weitere Problemfelder im Zusammenhang mit der Praxistauglichkeit des Transrapid, die bislang noch nicht befriedigend gelöst werden konnten. Solange der Transrapid den Beweis seiner Alltagstauglichkeit noch nicht erbracht hat, bleibt diese Technologie mit einem großen Unsicherheitsfaktor behaftet. Problematisch erweist sich bei den anfänglichen Schwierigkeiten weniger die technische Beseitigung dieser Schwachstellen, sondern die Finanzierung der zusätzlichen ingenieurtechnischen Aufwendungen.

Kurzfristig stellt also vor allem die Neuartigkeit dieses Verkehrssystems eine große Entwicklungsbarriere dar. Im Falle einer Anwendung könnte auf keinerlei bestehende Anlagen zurückgegriffen werden, alles müßte neu gebaut werden, so daß enorme Investitionskosten für die Herstellung entstehen. Die Betriebskosten wären dann aber, nicht zuletzt durch die geringeren Verschleißerscheinungen an Fahrzeug und Fahrweg, wegen der berührungsfreien Technik geringer als beim ICE. In dieser Hinsicht kommt der Referenzstrecke in Schanghai eine entscheidende Bedeutung für die weitere Zukunft des Transrapid zu. Sofern es mit dieser Strecke gelingt, den Nachweis der uneingeschränkten Alltagstauglichkeit des Transrapid zu erbringen, würde dies zweifelsohne den Durchbruch für diese Technologie auf dem Verkehrsmarkt bedeuten. Weitere Aufträge - auch in anderen Ländern - würden dann sicher nicht ausbleiben. Denn die Vorteile der Magnetbahn liegen auf der Hand: Besonders hinsichtlich der Gesichtspunkte Umweltverträglichkeit und Sicherheit kann der Transrapid als zukunftsweisende Alternative auf dem Verkehrsmarkt angesehen werden. Angesichts der Prognosen, die allesamt von einem weiteren Anstieg des Verkehrsaufkommens in Europa und den meisten Regionen der Welt (insbesondere auch in China) ausgehen, drängt sich diese Technologie mit ihrer hohen Leistungsfähigkeit förmlich als Entlastung für die kollabierenden Straßen auf.

Zieht man die ca. 7.000 jährlich zu beklagenden Unfalltoten in Betracht, die vorrangig durch den motorisierten Individualverkehr verursacht werden[222] und den damit verbundenen Folgekosten (ca. 40 Milliarden Euro jährlich[223]) – ganz zu schweigen vom menschlichen Leid -, scheint auch

---

[222] Die Zahl derer, die innerhalb eines Jahres bei Verkehrsunfällen auf unseren Straßen getötet werden, ist seit den 50er Jahren rückläufig. Im Jahr 2000 gab es bundesweit 383000 Unfälle mit Personenschaden, wobei 7503 Menschen getötet und 504000 verletzt wurden. Zum Vergleich: Im Jahr 1999 starben dagegen nur 250 Personen im Eisenbahnverkehr (vgl. Kösters 2002 u. Statistisches Bundesamt 2002).

[223] Vgl. Umweltbundesamt 2003.

hierzulande der Bedarf für ein neuartiges Verkehrsmittel gegeben zu sein, welches in der Lage ist, den Spagat im Spannungsfeld von Wachstum und Umwelt am besten zu meistern. Es mangelt lediglich an verkehrspolitischen Gesamtkonzepten, in die der Transrapid sinnvoll eingebunden ist.

Hinsichtlich der Positionierung im Gesamtverkehrsmarkt könnte auch die Möglichkeit zur Beförderung von hochwertigen Gütern mit der Magnetbahn nützlich sein. Vielleicht läßt sich damit eine Marktlücke erschließen. Mit dem normalen Querschnittsprofil des Personenfahrzeuges lassen sich problemlos Güter in Flugzeugcontainern transportieren. Ein leistungsfähigeres Transrapidfahrzeug für den Güterverkehr müßte eine größere Fahrzeughöhe besitzen, um die nach ISO genormten Container aufnehmen zu können. Bisher wurde diese Okkasion aber noch nicht intensiv genug weiterverfolgt.[224]

In technologischer Hinsicht kann der Transrapid gegenüber dem ICE als überlegen angesehen werden. Systembedingt verfügt er über wesentlich günstigere Trassierungsparameter für seinen Fahrweg. Zugleich entstehen durch seine verschleißarme, berührungsfreie Funktionsweise deutlich geringere Instandhaltungskosten, die ihm auf Dauer gegenüber dem ICE zu einem wirtschaftlichen Vorteil verhelfen. Sofern es gelingen sollte die Akzeptanz für dieses neuartige Verkehrsmittel in der Öffentlichkeit zu steigern – derzeit sind die Vorzüge dieses Systems noch zu wenig publik gemacht worden - und sinnvolle Wege zur Finanzierung von Anwendungsstrecken gefunden werden, ist der Transrapid, aufgrund seiner systemimmanenten Vorteile, durchaus in der Lage den ICE und auch die internationalen Konkurrenten (TGV, Shinkansen usw.) langfristig zu verdrängen.

9.4.4 Ausblick

Viele Fragezeichen stehen derzeit noch hinter der Realisierung des ehrgeizigen Ziels eines europaweiten HGV-Netzes, welches die ursprünglich nur für nationale Bedürfnisse errichteten NBS (und ABS) zu einem Ganzen verbinden soll. Die Voraussetzungen dafür sind dauerhafte politische und wirtschaftliche Stabilität. Die angeschlagene Finanzsituation in den betroffenen Ländern macht eine Verwirklichung der Pläne, wie sie in der Karte der UIC (vgl. Anhang 1) dargestellt sind, sehr unwahrscheinlich. Dies gilt insbesondere für die Streckenplanungen in Ostmittel- und Osteuropa. Die Notwendigkeit für ein solches spurgebundenes Verkehrsnetz könnte jederzeit durch veränderte Rahmenbedingungen, vor allem politischer Art, hinfällig werden. Ebenso können fehlende kommerzielle Erfolge die Betreiber dazu zwingen, sich zurückzuziehen und ihre Schnellbahnprojekte aufzugeben.

Grundsätzlich bestehen aber, trotz einiger Vorbehalte, gute Chancen für die beiden Hochgeschwindigkeitssysteme sich langfristig zu etablieren und die Vormachtstellung des Automobils zumindest teilweise zurückdrängen zu können. Und auch im Hinblick auf den Kurzstreckenflugverkehr bietet der Transrapid – und eingeschränkt auch der ICE – die Möglichkeit, dessen Verkehrsströme als eine umweltverträglichere Alternative abzulösen. Voraussetzung dafür sind gelungene Stadteinführungen und die optimale Verknüpfung der Verkehrsmittel miteinander, damit

---

[224] Vgl. Rath 1993, S. 111ff.

die Abfertigungs- und Umsteigezeiten kurz gehalten werden können. Zusätzliche Einsatzfelder könnten sich für den Transrapid sowohl als schnelles leistungsfähiges Regionalverkehrsmittel als auch im Bereich Frachthochgeschwindigkeitsverkehr ergeben.

Zur Verkehrsvermeidung können beide Systeme sicherlich keinen Beitrag leisten, auch nicht zu einer wünschenswerten Verminderung. Dafür bieten sie aber die Möglichkeit, die hohen Verkehrsströme für Mensch und Natur *verträglicher* abzuwickeln und eine *Verkehrswende* herbeizuführen. Diese Tatsache allein verhilft ihnen schon zu einer Daseinsberechtigung. - Die weitere Entwicklung bleibt abzuwarten. Vielleicht wird das 21. Jahrhundert in Europa wieder ein Jahrhundert der Eisenbahnen (und der Magnetbahnen[225]) sein.

---

[225] Noch Zukunftsmusik sind die Überlegungen zu einem unterirdischen Bahnsystem, welches - aufbauend auf der Magnetschwebetechnologie - in teilweise luftentlehrten Tunnelsystemen die wichtigsten Metropolen Europas verbinden soll. Dieses Projekt mit der Bezeichnung „Swissmetro" stellt aber bislang nur eher eine Vision als ein konkretes Planungsobjekt dar. Informationen dazu sind im Internet unter der Adresse http://www.swissmetro.com abrufbar!

10 Nachwort zur aktuellen Entwicklung

Wenngleich letztendlich parteipolitische Erwägungen[226] zum Scheitern des Metrorapid im Ruhrgebiet führten, so waren darüber hinaus die seit Jahren anhaltenden „Ungunstfaktoren" gegen den Transrapid ausschlaggebend dafür, daß erneut ein vielversprechendes Magnetbahnprojekt in Deutschland nicht realisiert wird:

- Hier ist in erster Linie die mangelhafte Vermarktung dieses Bahnsystems zu nennen. Die zahlreichen Versäumnisse im Bereich der Öffentlichkeitsarbeit haben dazu geführt, daß der Transrapid häufig noch – widersinnigerweise - als umweltzerstörendes „Milliardengrab" für öffentliche Investitionsmittel angesehen wird. Die Vorzüge dieses Systems, seine hohe Leistungsfähigkeit (Beschleunigungsvermögen, Höchstgeschwindigkeit, Sitzplatzkapazität, Trassierungsflexibilität etc.) bei gleichzeitig hoher Umweltverträglichkeit, werden zu wenig in den Vordergrund gestellt. Vielfach überwiegt in den Medien eine negative Berichterstattung, die durch die teilweise unprofessionelle Vorgehensweise bei der Vermarktung des Transrapid zusätzlich mit Argumenten gefüttert wird[227].

- Die Blockadehaltung der als Betreiber vorgesehenen DB AG, die bereits beim Transrapidprojekt Berlin-Hamburg ein großes Hemmnis darstellte, verfehlte ihre Wirkung nicht, so daß Bahnchef Mehdorn bereits zum zweiten Mal als „Totengräber" für die Magnetschwebetechnologie tituliert wurde. Aber nicht nur die mangelnde Bereitschaft der Bahn, das von ihr mitgetragene Projekt zu unterstützen, sondern auch das geringe Engagement der Industrie für ihr eigenes Produkt wirken sich grundsätzlich negativ auf die Erfolgschancen des Transrapid aus.

- Die relativ hohen Investitionskosten, die für den Bau- und Betrieb einer Magnetbahnstrecke anfallen, lassen die Finanzierungsfrage zu einem Hauptproblem für den Transrapid erwachsen. Solange für diese Technologie keine breitere Akzeptanz in der Öffentlichkeit vorherrscht, haben es Politiker schwer, eine Rechtfertigung für die Ausgabe von Steuergeldern zu finden, zumal eigentlich immer kostengünstigere Alternativen zur Wahl stehen. Diese können zwar meistens in keinster Weise die verkehrliche Wirkung des Transrapid erzielen, sie bieten sich aber als eine bequeme Kompromißlösung an.

Der Verzicht auf den Metrorapid und die damit verbundene verpaßte Gelegenheit inmitten des verkehrsreichsten Großraum Europas ein repräsentatives Verkehrsprojekt zu installieren, erlangt

---

[226] Um die rotgrüne Koalition in Nordrhein-Westfalen aus der Krise zu retten, gab Ministerpräsident Peer Steinbrück (SPD) am 27. Juni 2003 überraschend den Verzicht auf den Metrorapid bekannt. Hintergrund war die massiv ablehnende Haltung des kleinen Koalitionspartners diesem Projekt gegenüber.

[227] Beispielhaft seien hier die in der Machbarkeitsstudie prognostizierten Zahlen zum erwarteten Fahrgastaufkommen beim Metrorapid genannt. Abgesehen davon, daß diese offensichtlich zu optimistisch angesetzt waren, enthielt das vom Ingenieurbüro veröffentlichte digitale Dokument keinen Schutz um die vorgenommenen Änderungen während der Bearbeitung zu verschleiern. So kam zu Tage, daß die Fahrgastzahlen und die Angaben zu den Umweltbelastungen kurz vor der Veröffentlichung noch einmal geschönt wurden, was zweifelsohne die Glaubwürdigkeit der Befürworter des Transrapid negativ beeinträchtigt (vgl. Grote 2003).

symbolhaften Charakter für die „Deutsche Krise" der Gegenwart. Anstatt mit grundlegenden Veränderungen die Weichen für ein integriertes Verkehrssystem zu stellen, welches den Anforderungen des 21. Jahrhunderts genügt, versucht man mit althergebrachten Verlegenheitslösungen die stetig wachsenden Probleme im Zusammenhang mit der Verkehrsabwicklung zu kaschieren.

***

Nicht nur der Transrapid steuert einer ungewissen Zukunft entgegen. Auch dem Rad/Schiene gebundene ICE steht möglicherweise eine schwere Zeit bevor, wenngleich unter einer wesentlich günstigeren Ausgangsposition.

Die weitere Entwicklung der Infrastruktur für den ICE droht durch die desolate Situation der Staatsfinanzen negativ beeinträchtigt zu werden. Wie vor kurzem angekündigt, beabsichtigt die Bundesregierung die Finanzmittel zum Ausbau des ICE-Streckennetzes drastisch zu kürzen. So sollen von den ca. 4 Milliarden Euro, die jährlich zur Finanzierung der Neubaustreckenprojekte vorgesehen waren, im Zeitraum zwischen 2004 und 2007 insgesamt rund 3,6 Milliarden Euro abgezogen werden. Dies würde bedeuten, daß nur noch die bereits begonnenen Streckenprojekte realisiert würden, nicht aber neue Baumaßnahmen in Angriff genommen werden könnten. Die Bahn stellt sich natürlich gegen diese Sparpläne, zumal sie dadurch ihr anscheinend ehrgeizigstes Ziel - den geplanten Börsengang - nicht verwirklichen könnte.

Weiteres Ungemach im Hinblick auf ihre Konkurrenzfähigkeit droht den Hochgeschwindigkeitszügen von den sog. Billigfliegern, welche die Marktanteile des HGV schmälern. So büßte beispielsweise der zwischen Köln und Paris verkehrende Thalys 14 % seines Umsatzes innerhalb von sechs Monaten ein, nachdem für diese Verbindung eine Billigfluglinie eingerichtet wurde.[228]

Für negative Schlagzeilen sorgen auch die neuen ICE 3-Züge. So fährt die Bahn nach eigenen Angaben auf der neuen Vorzeigestrecke Köln-Frankfurt Verlusten ein. Grund dafür ist die schlechte Auslastung der Züge mit durchschnittlich nur 37 %, was zum einen auf die überzogenen Fahrpreise und zum anderen auf die zahlreichen technischen Pannen mit den ICE-Zügen der neuesten Generation zurückzuführen ist. (Beispielsweise funktionierten die neuen Klimaanlagen ausgerechnet während des Jahrhundertsommers 2003 nur sporadisch).[229]

Noch größer sind die Schwierigkeiten beim ICE TD, der bis vor kurzem auf den Strecken München-Zürich und Nürnberg-Dresden eingesetzt wurde. Nachdem diese Züge bereits seit Dezember 2002 nur mit ausgeschalteter Neigetechnik fuhren, ordnete nun das Eisenbahnbundesamt an, diese Baureihe wegen der anhaltenden technischen Probleme aus dem Verkehr zu ziehen.[230]

Regensburg, im September 2003

---

[228] Vgl. „Die Welt" vom 03.07.2003 (Internetausgabe).
[229] Vgl. Werske 2003.
[230] Vgl. „Die Welt" vom 26.07.2003 (Internetausgabe).

Anhang

Anhang 1: Geplantes Hochgeschwindigkeitsnetz für Europa

Die Realisierung dieser HGV-Verbindung der wichtigsten Metropolen Europas soll schrittweise erfolgen. Nachfolgend sind die drei Ausbaustufen dargestellt (Quelle UIC 2003):

Aktueller Stand (2002):

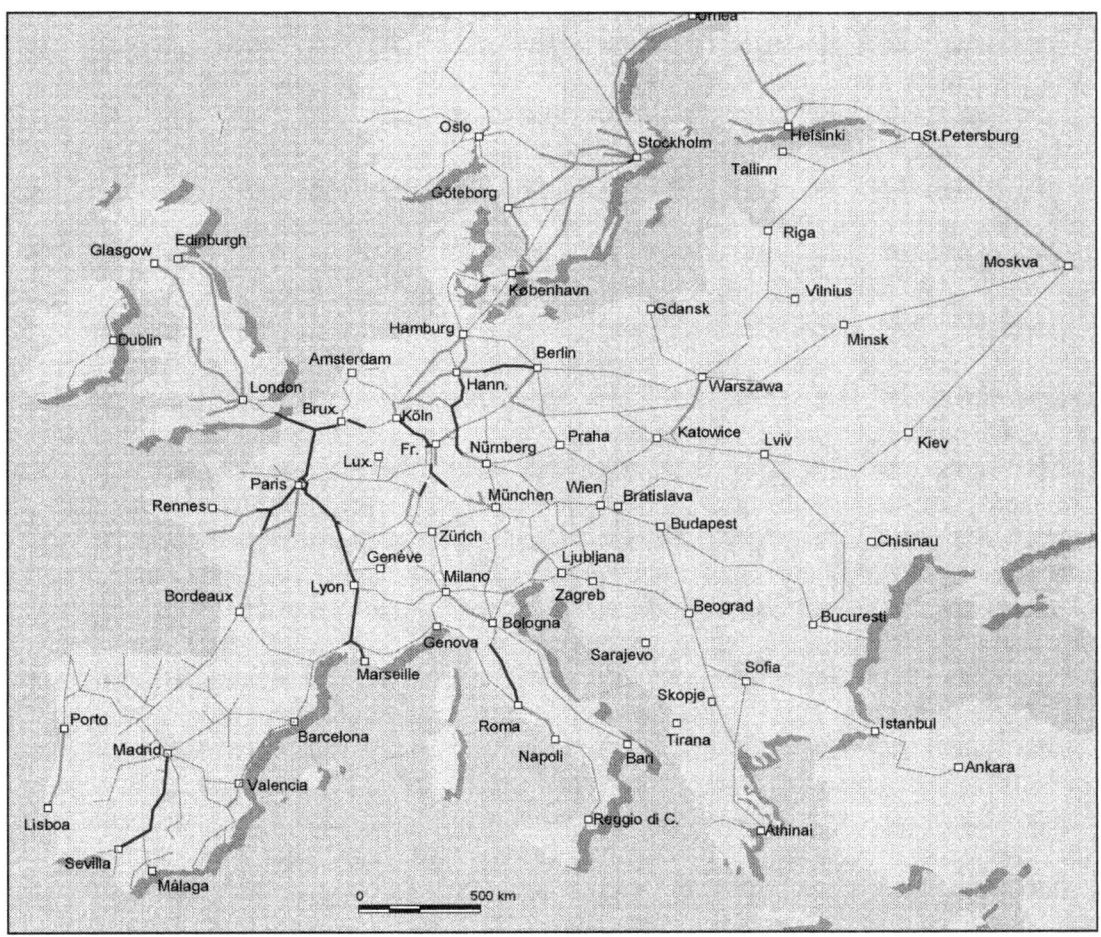

Bildquelle: UIC 2003

Die schwarzen Verbindungen sind bereits verwirklicht, die grauen Linien stellen Ausbaustrecken bzw. noch zu realisierende Verbindungen dar.

Ausbaustufe 2010:

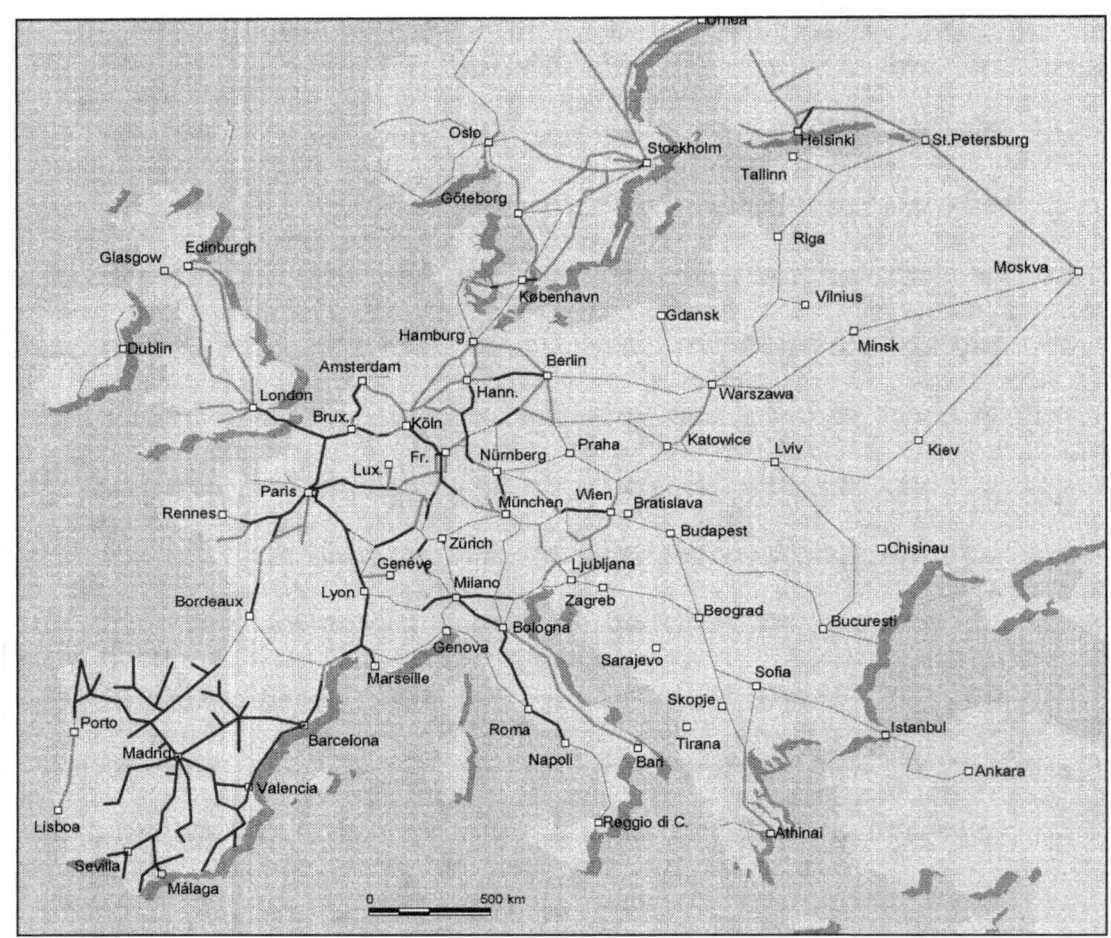

Bildquelle: UIC 2003

Zielhorizont 2020:

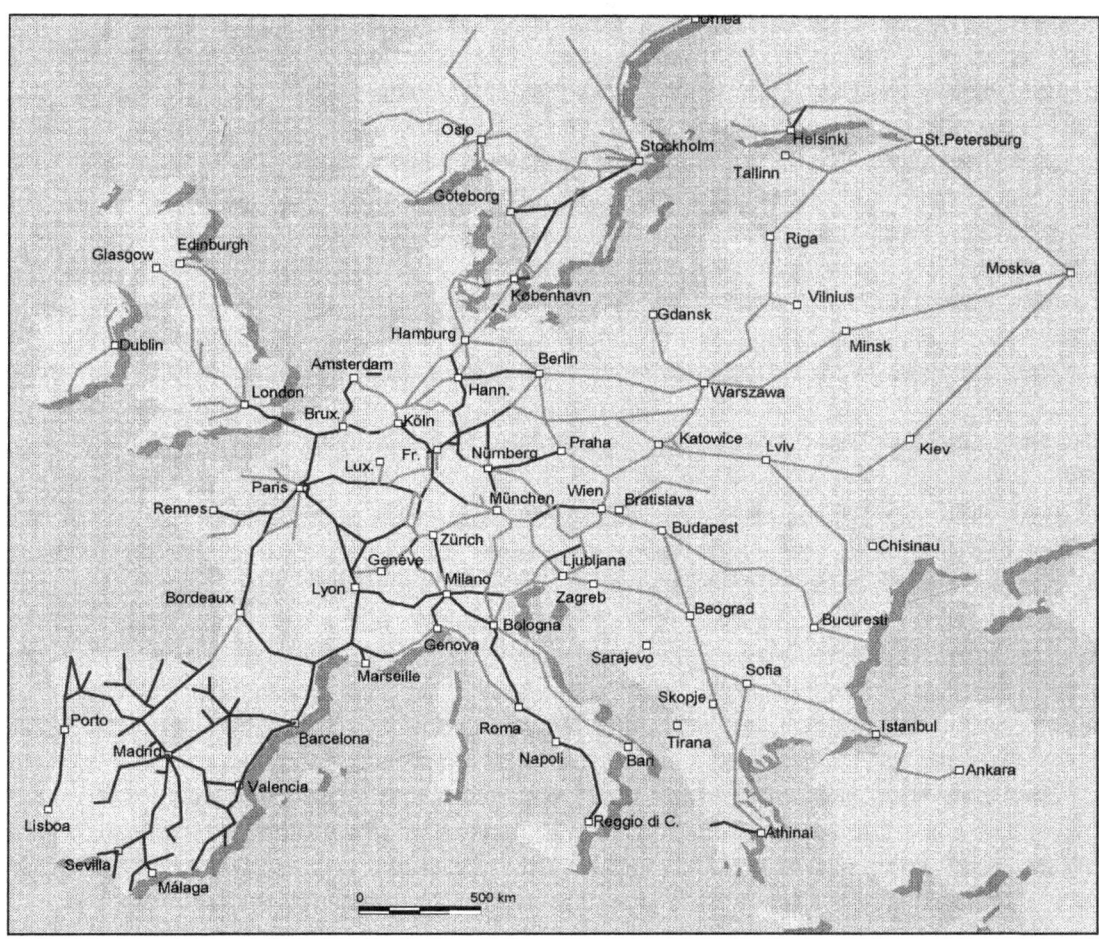

Bildquelle: UIC 2003

Anhang 2: Übersichtstabelle zu den weltweit existierenden Hochgeschwindigkeitsstrecken (eigene Darstellung, Quelle: http://www.uic.asso.fr, Stand 2002)

Land		Länge in km				Höchste Geschw.
			gesamt	im Betrieb	in Bau	in Projekt	
Europa						
	Belgien	221	88	100	33	-
	Brüssel-Frankreich	88	88	-	-	300
	Leuven-Bierset	62	-	62	-	300
	Antwerpen-Niederlande	38	-	38	-	300
	Lüttich-Deutschland	33	-	33	-	300
	Dänemark	15	15	-	-	-
	Storebælt	15	15	-	-	180
	Dänemark-Schweden	18	18	-	-	-
	Øresund	18	18	-	-	180
	Frankreich	2798	1541	320	937	-
	TGV Sud-Est	410	410	-	-	270
	TGV Nord-Europe	332	332	-	-	300
	TGV Atlantique	280	280	-	-	300
	TGV Rhône-Alpes	122	122	-	-	300
	TGV Jonction	102	102	-	-	300
	TGV Méditerranée	295	295	-	-	300
	TGV Est	320	-	320	-	350
	TGV Aquitaine	301	-	-	301	350
	Lyon-Turin	240	-	-	240	300
	TGV Rhein-Rhône	190	-	-	190	-

TGV Bretagne		181	-	-	181	350
Perpignan-Spanien		25	-	-	25	350
Frankreich – Großbritannien		52	52	-	-	-
Eurotunnel – 1994		52	52	-	-	160
Deutschland		880	577	303	-	-
Hannover-Würzburg		326	326	-	-	250
Hannover-Berlin		152	152	-	-	250
Mannheim-Stuttgart		99	99	-	-	250
Köln-Rhein/Main		215	215	-	-	300
Nürnberg-Ingolstadt		88	-	88	-	-
Italien		1214	246	660	308	-
Florenz-Rom		246	246	-	-	250
Rom-Neapel		220	-	220	-	300
Bologna-Florenz		77	-	77	-	300
Mailand-Bologna		196	-	196	-	300
Mailand-Turin		143	-	143	-	300
Verona-Venedig		102	-	24	78	300
Mailand-Verona		112	-	-	112	300
Verona-Padua		118	-	-	118	300
Niederlande		120	-	120	-	-
Amsterdam-Belgien		120	-	120	-	300
Spanien		1979	471	949	559	-

Madrid-Sevilla		471	471	-	-	270
Barcelona-Madrid		630	-	600	30	350
Madrid-Valladolid		194		194		350
Cordoue-Malaga		155		155		350
Madrid-Valence / Alicante		359			359	350
Barcelona-Frankreich		170	-	-	170	350
Schweden		171	31	140	-	-
Fleminsberg-Jarna		31	31	-	-	250
Södertälje-Linköping		140	-	140	-	250
Schweiz		57	-	57	-	-
Sankt Gottard		57	-	57	-	-
Großbritanien		112	-	74	38	-
Kanalküste (Eurotunnel)-London		112	-	74	38	300
Gesamt Europa		7637	3039	2723	1875	-
Asien						
China		1334	-	34	1300	-
Beijing-Schanghai		1300	-	-	1300	300 (500)
Schanghai		34	-	34	-	300
Japan		2739	2175	215	349	-
Osaka-Hakata		554	554	-	-	300
Tokyo-Osaka		515	515	-	-	270
Omiya-Morioka		466	466	-	-	240
Omiya-Niigata		270	270	-	-	275

Morioka-Akita		127	127	-	-	-
Takasaki-Nagano		125	125	-	-	260
Fukushima-Yamagata		87	87	-	-	-
Tokyo-Omiya		31	31	-	-	240
Yatsuhiro-Kagoshima		125	-	125	-	-
Morioka-Aomori		194	-	90	104	-
Hakata-Yatsuhiro		145	-	-	145	-
Hakata-Nagasaki		100	-	-	100	-
Südkorea		432	-	58	374	-
Seul-Pusan		432	-	58	374	300
Taiwan		340	-	-	340	-
Taipeh-Kaohsiung		340	-	-	340	300
Gesamt Asien		4811	2175	273	2363	-
Gesamt Welt		12448	5214	2996	4238	-

Anhang 3: Antriebsvarianten (eigene Darstellung, Quelle: IFB 2001)

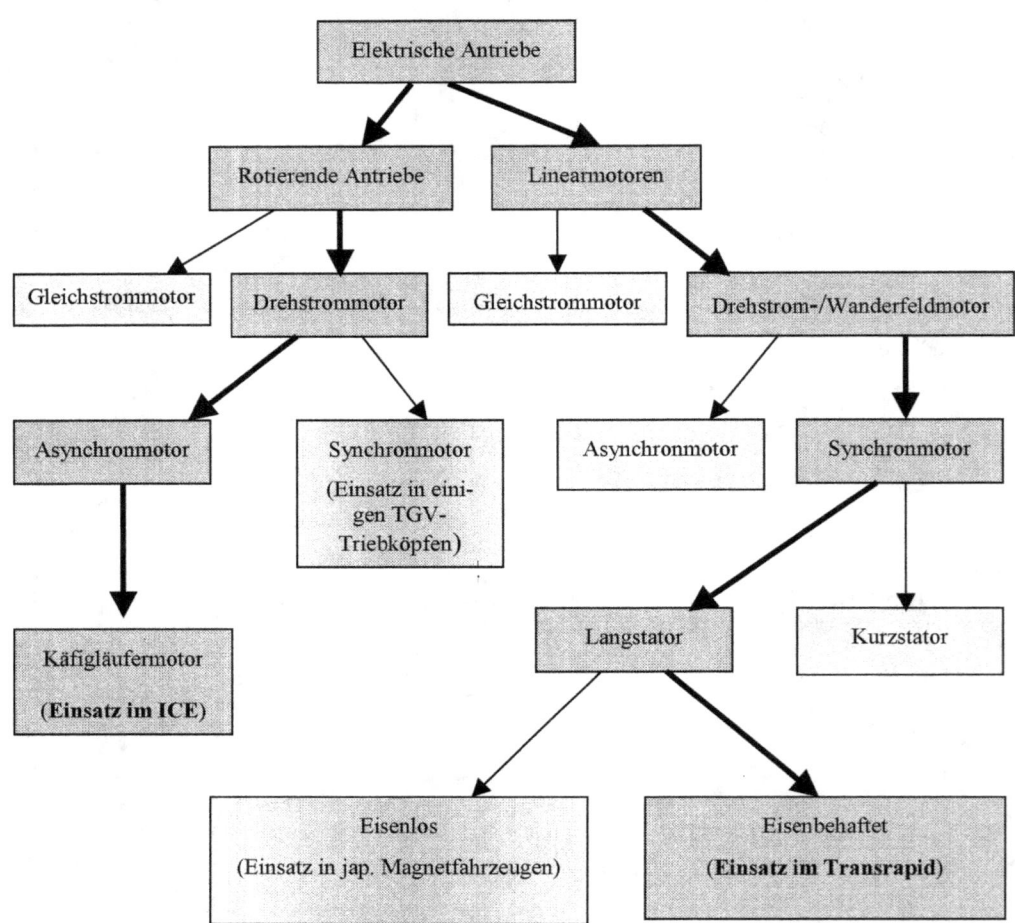

Anhang 4a: Übersichtstabelle zu den ICE-Strecken in Deutschland (eigene Darstellung, Quelle: http://www.bahn.de u. http://www.ice-fanpage.de, Stand Februar 2003).

Seit dem Fahrplanwechsel bei der Deutschen Bahn AG im Dezember 2002 verkehrt der ICE auf den folgenden Linien:

Streckenverlauf	Zuggattung	Taktzeit [h]
München-Stuttgart-Frankfurt-Kassel-Berlin	ICE 1	2
Berlin-Kassel-Frankfurt-Mannheim-Basel/Zürich	ICE 1	2
Hamburg-Frankfurt-Basel-Zürich/Interlaken	ICE 1	6
München-Stuttgart-Frankfurt-Bremen/Hamburg	ICE 1	2
München-Würzburg-Hannover-Bremen/Hamburg	ICE 1	1
Hamburg-Kassel-Nürnberg-Passau-Wien	ICE 1	24
Berlin-Hamm/Essen/Düsseldorf-Köln	ICE 2	1
Berlin-Hamm/Hagen/Köln-Bonn	ICE 2	1
Mainz-Wiesbaden-Köln	ICE 3	2
Stuttgart-Mainz-Wiesbaden-Köln	ICE 3	2
Dortmund-Köln-Frankfurt-Basel	ICE 3	2
Dortmund-Köln-Frankfurt-Stuttgart-München	ICE 3	2
Frankfurt-Limburg-Köln-Dortmund-Münster	ICE 3	4
Frankfurt-Montabaur-Köln-Dortmund-Münster	ICE 3	4
Brüssel-Amsterdam-Köln-Frankfurt	ICE 3 (Mehrsystem)	2
Hamburg-Berlin-Leipzig-München	ICE-T	2
Dresden-Leipzig-Frankfurt/Saarbrücken	ICE-T	2
Düsseldorf-Kassel-Erfurt-Weimar	ICE-T	2
Stuttgart-Singen-Zürich	ICE-T	2
Nürnberg-Dresden	ICE-TD	2
München-Zürich	ICE-TD	24

Anhang 4b: NBS Köln-Rhein/Main

Die artreine Neubaustrecke Köln-Rhein/Main gilt als die bisher bedeutendste Verbindung im deutschen Streckennetz. Sie führt die Ballungsräume Rhein/Ruhr und Rhein/Main/Neckar näher zusammen und stellt zugleich ein wichtiges Bindeglied innerhalb des europäischen Hochgeschwindigkeitsnetzes (vgl. Anhang 1) dar.
Diese Strecke spiegelt den neuesten Stand bei der Bau- und Ausrüstungstechnik wider[231]. So ist zum Beispiel der Oberbau überwiegend in Fester Fahrbahn ausgeführt. Lediglich bei der Steuerung der Sicherungs- und Betriebsleittechnik mußten Abstriche gemacht werden. Der ETCS-Standard (vgl. Kap. 7.1.1) konnte, aufgrund von Verzögerungen, nicht wie geplant auf dieser Strecke zur Anwendung kommen. Er soll nun erst bei Neubaustrecken, die nach 2005 in Betrieb gehen, realisiert werden. Statt dessen setzt man auf der NBS Köln-Rhein/Main die neueste LZB-Generation ein. Dabei handelt es sich um die zweite Stufe von CIR ELKE[232], einem computergesteuerten Zugbeeinflussungssystem, mit dem sich die Leistungsfähigkeit der Strecke erhöhen läßt.[233] Als erste in Europa wird diese Strecke mit dem innovativen Bahnkommunikationssystem GSM-R ausgerüstet. Sie nimmt damit eine Vorreiterrolle auf dem Gebiet der integrativen, digitalen Bahnfunktechnologie ein und das nicht nur für bundesdeutsche Neubaustreckenprojekte.[234]
Nachfolgend sind die wichtigsten Daten zu dieser Strecke einzeln aufgeführt:[235]

Streckenlänge:	177 km (Baulänge einschließlich der Flughafenanbindung Köln/Bonn und der Abzweigung nach Wiesbaden Hbf: 219 km)
Entwurfsgeschwindigkeit:	200 bis 300 km/h
Haltepunkte:	Köln Hbf, Köln Deutz/Messe, Bonn/Siegburg, Montabaur, Limburg Süd, Flughafen Frankfurt/Main, Frankfurt/Main Hbf, Wiesbaden, Mainz; Anbindung Flughafen Köln/Bonn
Reisezeit:	76 Minuten (von Köln nach Frankfurt)
Trassierungsparamter:	Max. Steigung: 40 Promille Kleinster Bogenhalbmesser: 3350 km
Trassenverlauf:	Überwiegend entlang der BAB A 3 (Trassenbündelung) Ebenerdig: 42,1 km, im Einschnitt 74,7 km, in Dammlage 51,4 km
Bauzeit:	6 Jahre; Baubeginn im Dezember 1995, bautechnische Fertigstellung im Dezember 2001, Test- und Versuchsphase bis November 2002
Inbetriebnahme:	Shuttle-Betrieb ab 1. August 2002, Vollständige Inbetriebnahme am 15. Dezember 2002

---

[231] Vgl. Neumann 2002, S. 32 ff.

[232] Dieses lineare Zugbeeinflussungssystem wurde erstmals auf der 125 km langen Pilotstrecke Offenburg-Basel installiert und im Jahre 2001 zur Anwendung gebracht (vgl. Bundesministerium für Verkehr 2001, S. 87).

[233] Vgl. Brux 2002, S. 29f.

[234] Vgl. Mandel 2003, S. 8.

[235] Quelle: Bundesministerium für Verkehr Bau und Wohnungswesen: Bericht zum Ausbau der Schienenwege 2001, S. 22-23 sowie deren Internetseiten, abrufbar unter http://www.bmv.de (Stand 11/2002).

Kunstbauwerke:	30 Tunnel mit einer Gesamtlänge von 47 km (21,5 % Streckenanteil)
	18 Talbrücken mit einer Gesamtlänge von 6 km (2,9 % Streckenanteil)
Bedeutenste Einzelbauwerke:[236]	155 km Feste Fahrbahn, 992 m lange Hallerbachtalbrücke, 4500 m langer Schulwaldtunnel
Leit- u. Sicherungstechnik:[237]	Zentralisierung der Streckenüberwachung (2 elektronische Stellwerke entlang der Strecke, Betriebszentrale in Frankfurt/Main);
	Zugsicherung durch LZB (Führerraumsignalisierung) mit Hilfe von CIR ELKE Stufe II
	Automatisierter Betriebsablauf
Kosten/Finanzierung:	Gesamtkosten 10.920 Mio. DM (davon maximal 7.750 Mio. DM Bundesanteil)
	Zuschüße aus EU-Mitteln: 250 Mio. DM (bis 2001)

---

[236] Vgl. Brux 2002, S. 28.

[237] Vgl. ebd. S. 30.

Anhang 4c: Zukünftige ICE-Strecken (Quelle: Bundesministerium für Verkehr 2001, S. 16ff.)

Streckenverlauf	Streckenlänge [km]	Gesamtkosten [Mrd. DM]	Status
Karlsruhe - Offenburg - Freiburg - Basel	193	6,6	Bauphase
Stuttgart - Augsburg	166	5,4	Planungsphase
Nürnberg - Ingolstadt - München	171 (davon NBS Nürnberg-Ingolstadt 83 km, ABS Ingolstadt-München 78 km)	3,9[238]	Bauphase/Teilbetrieb seit Dezember 2001 auf dem 20 km langem Abschnitt Petershausen-Röhrmoos
Augsburg - München	62	1,0	Bauphase
Hamburg - Büchen - Berlin	254	3,8	Inbetriebnahme als ABS mit 160 km/h Höchstgeschwindigkeit; soll bis 2005 für Geschwindigkeiten bis zu 230 km/h ertüchtigt werden
Hannover - Berlin	263	5,3	Größtenteils in Betrieb
Nürnberg - Erfurt	218 (davon 122 km NBS)	7,3	Bauphase
Köln - Aachen	69	0,8	Bauphase
Erfurt - Leipzig - Halle	122 (davon 114 NBS)	4,7	Bauphase
Hanau - Nantenbach/Würzburg - Iphofen	64	1,8	Planungsphase
Hamburg/Bremen - Hannover	92 Abzweigung nach Bremen 22	2,5	Planungsphase
Leipzig - Dresden	117 (davon 11 NBS)	1,9	Bauphase, einzelne Abschnitte bereits in Betrieb
Grenze Deutschland/Frankreich - Saarbrücken Ludwigshafen (POS-Nord) / Kehl - Appenweier (POS-Süd)	128 (POS Nord) 17 (POS Süd)	0,9	POS Nord: Bauphase (zwischenzeitlich Neigetechnikbetrieb), POS Süd: Planungsphase
Karlsruhe - Stuttgart - Nürnberg - Leipzig/Dresden (NeiTech-Strecke)	740	3,4	Inbetriebnahme zwischen Nürnberg und Dresden 2001 (ICE TD)
München - Mühldorf - Freilassing (NeiTech-Strecke)	141	1,6	Planungsphase

---

[238] Im Juli 2001 wurden beim Bau der Tunnelabschnitte riesige Hohlräume entdeckt, so daß sehr kostenintensive unterirdische Brücken gebaut werden müssen. Der Fertigstellungstermin und die veranschlagten Investitionskosten werden somit nicht eingehalten werden können.

Anhang 5a: Projektkenndaten der Anwendungsstrecke für den Transrapid in China (Quelle: http://www.transrapid.de)

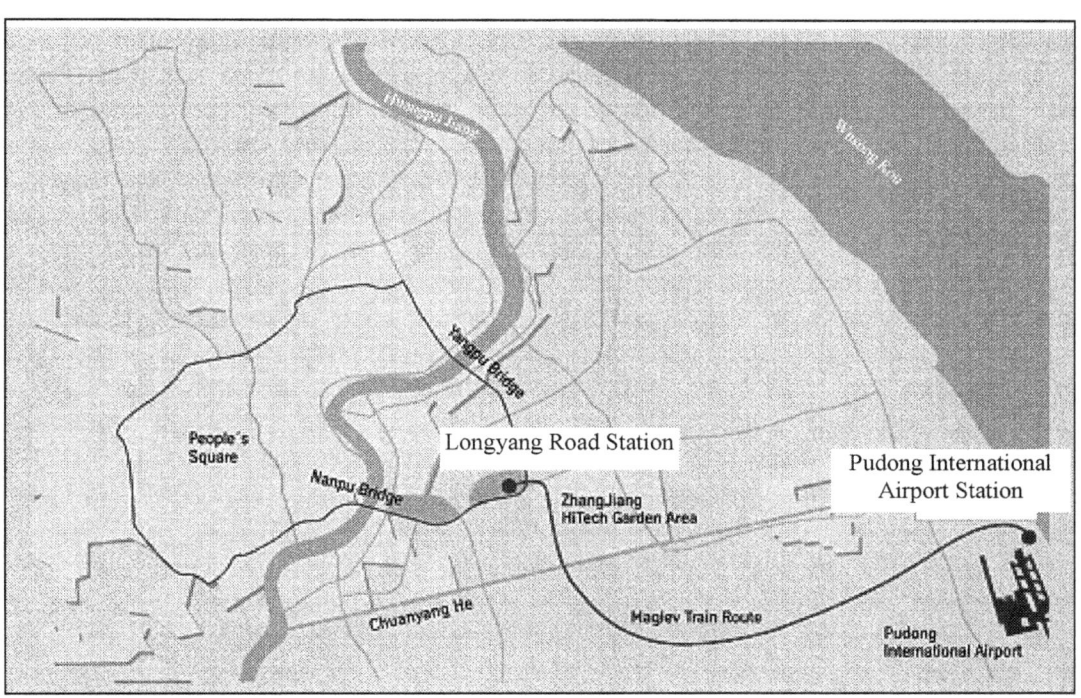

	Transrapidprojekt Schanghai
Streckendaten:	
Streckenverlauf	Vom internationalem Flughafen Schanghai-Pudong zum Finanzzentrum Lujiazui (dort U-Bahn-Anschluß an des Zentrum Schanghais)
Streckenlänge	30 km Doppelspur, 3 km Einzelspur (zur Anbindung der Instandhaltungsanlagen)
Stationen (Haltepunkte)	2
Betriebsanlagen	Betriebszentrum und Unterwerk 1 bei der Long Yang Road Station; Servicezentrum und Unterwerk 2 beim Flughafengelände
Betriebsdaten:	
Betriebsgeschwindigkeit	430 km/h (Auslegungsgeschwindigkeit: 505 km/h)
Anzahl der eingesetzten Fahrzeuge	3 mit je 5 Sektionen; ab Mitte 2004: 6 Sektionen
Prognostiziertes Verkehrsaufkommen	2005: 10 Mio. Fahrgäste, 2010: 21 Mio. Fahrgäste, 2020: 36 Mio. Fahrgäste
Inbetriebnahme	Teilbetrieb ab Ende 2003; Vollbetrieb ab Mitte 2004
Fahrzeit	7 bis 8 min

Taktfolge	10 min
Betriebsdauer	Täglich 18 h
Fahrzeugdaten:[239]	
Sektionslänge	27,21 m (Bugsektion) bzw. 24,77 m (Mittelsektion)
Leergewicht	52,9 Mg bzw. 50,3 Mg
Gesamtgewicht	62,0 Mg bzw. 64,5 Mg
Sitzplatzanzahl	Gesamt: 560 (Fahrzeug mit 6 Sektionen); davon 52 in der Bugsektion, 80 in der Endsektion und jeweils 107 in der Mittelsektion

---

[239] Vgl. Völkening 2003, S. 63.

Anhang 5b: Mögliche Transrapidstrecken in Deutschland (Quelle: TRI 2002)

- Flughafenanbindung an die Münchner Innenstadt:

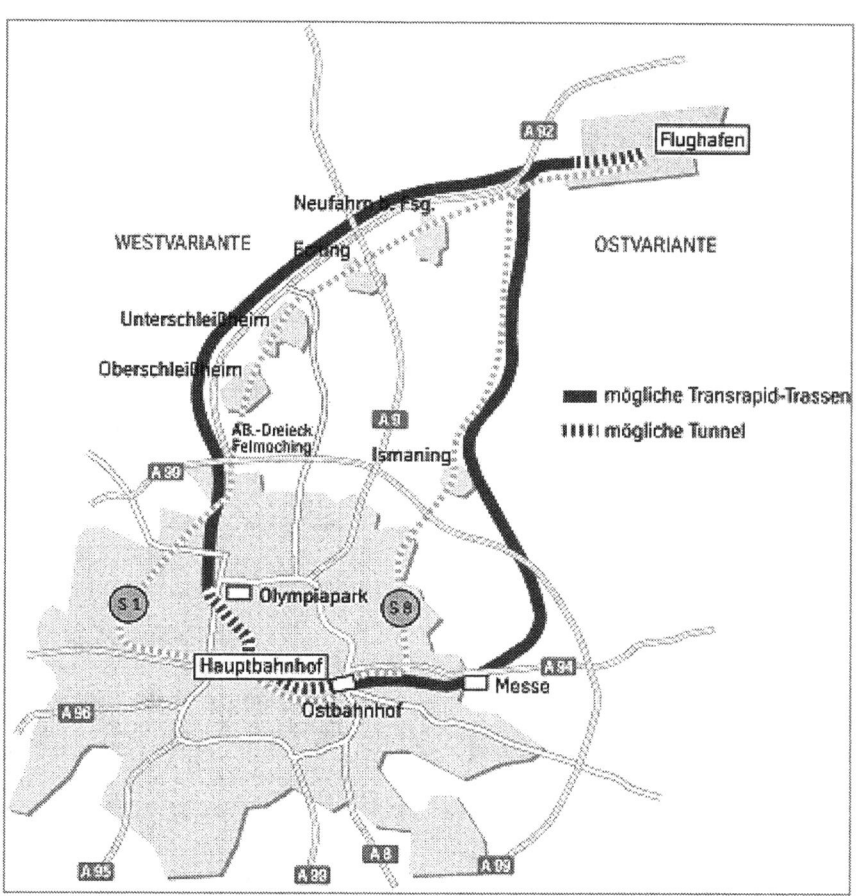

Untersucht wurden hier zwei Trassenvarianten: Die Ostvariante mit einem Zwischenhalt beim Messegelände wurde zugunsten der Westvariante über Feldmoching (ohne Zwischenhalt) verworfen, da bei letzterer wesentlich niedrigere Investitionskosten und ein besseres Betriebsergebnis möglich sind.

Den Ankündigungen des bayerischen Staatsministers für Wirtschaft, Verkehr und Transport zufolge, soll das Planfeststellungsverfahren für die Westtrasse im Frühjahr 2004 eingeleitet werden. Mit der Fertigstellung dieser Strecke ist frühestens 2007 zu rechnen.

- Metrorapid im Ruhrgebiet:

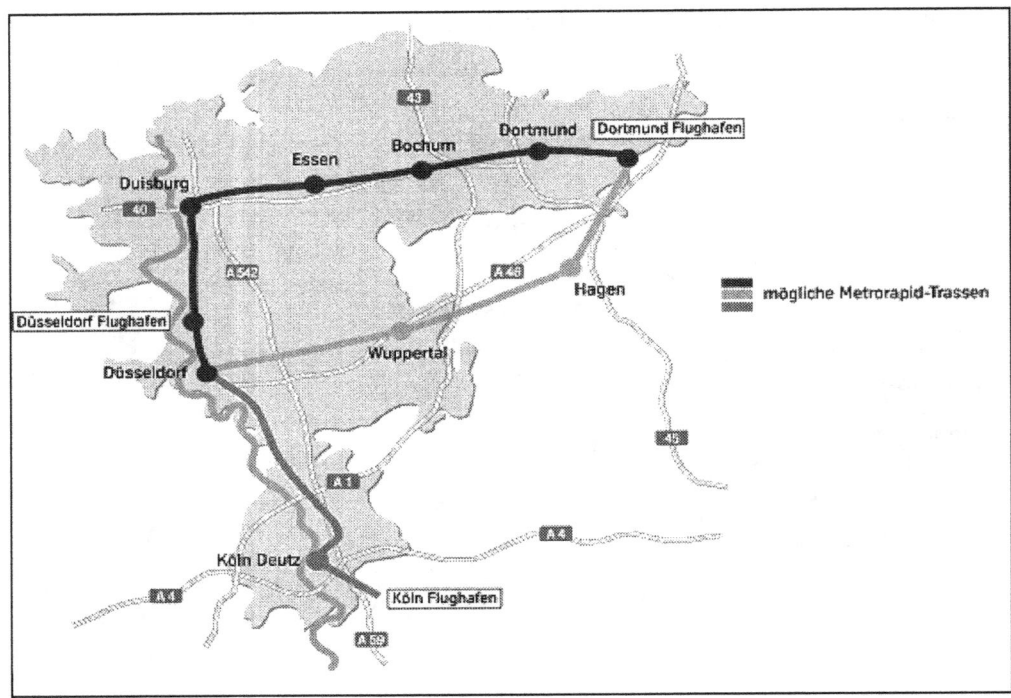

Die obige Abbildung zeigt einen Lageplan zum (vorläufig?) gescheitertem Metrorapidprojekt. Vorgesehen war eine Trassenführung von Düsseldorf über Duisburg, Essen und Bochum nach Dortmund mit Erweiterungsoptionen über Köln-Deutz (ICE 3-Bahnhof) zum Kölner Flughafen und/oder zum Dortmunder Flughafen. Zusätzlich war eine Südspange über Wuppertal und Hagen im Gespräch.

Mit diesem Projekt hätten die Zentren der wichtigsten Großstädte im Verdichtungsraum Rhein/Ruhr effektiv miteinander verbunden werden sollen. Eine deutliche Entlastung der bestehenden Verkehrsverbindungen, insbesondere auch der chronisch verstopften Autobahnen in der Region, wäre das Ziel der Verkehrsplaner gewesen. Diesen Effekt versucht man nun mit einer Expreß-S-Bahn zu erreichen. Unklar ist derzeit noch, ob die für den Metrorapid vorgesehen Fördermittel des Bundes - vorgesehen war ein Zuschuß in Höhe von 1,75 Mrd. Euro – hierfür umgewidmet werden. Möglicherweise werden sie auch zur Finanzierung des Münchener Transrapid-Projektes verwendet.

- Zusammenfassung der Projektkenndaten der beiden möglichen Transrapidstrecken in Deutschland (eigene Darstellung, Quelle: Lindlar 2002, S. 64-72 und Planungsgemeinschaft Metrorapid - Transrapid 2002, S. 1-11)

	München	Ruhrgebiet
Streckendaten:		
Streckenlänge von Anfangs- bis Endstation [km]	36,8 (zweispurig), davon 0,6 in Bündelung mit Bahn und 20,4 mit Bundesfernstraßen	78,9 (zweispurig), davon 74,6 in Bündelung mit Bahn und 1,5 mit Bundesfernstraßen
Trassenlängen (Längenausdehnung mit Nebenanlagen) [km]	37,77, davon 12,72 in Hochlage (überwiegend parallel zur BAB A 92), 16,99 in Niveaulage und 8,06 im Tunnel	79,57, davon 17,88 in Hochlage (überwiegend parallel zu Eisenbahndämmen), in Niveaulage 57,66 und 4,03 im Tunnel/Trog
Stationen (Haltepunkte)	2	7
Betriebsanlagen	7 Antriebsbereiche, 2 Streckenunterwerke und ein Rangierunterwerk	19 Antriebsbereiche, 7 Streckenunterwerke und 3 Rangierunterwerke
Betriebsdaten:		
Maximale Betriebsgeschwindigkeit	350 km/h	300 km/h
Durchschnittsgeschwindigkeit	220 km/h	128 km/h
Anzahl der eingesetzten Fahrzeuge	5 (3-Sektionen-Züge)	14 (4-Sektionen-Züge)
Platzangebot je Zug	320, davon 148 Sitzplätze)	536, davon 340 Sitzplätze
Prognostiziertes Verkehrsaufkommen (2015)	7,86 Mio. Personen pro Jahr	34,47 Mio. Personen pro Jahr
Prognostizierter Gesamtplatzausnutzungsgrad	29 % (im Durchschnitt), 59 % (in der maßgeblichen Spitzenstunde)	32 % (im Durchschnitt), 80 % (in der maßgeblichen Spitzenstunde)
Fahrzeit Gesamtstrecke [min]	10	37
Taktfolge [min]	10 (zur Nebenverkehrszeit 20)	10 (zur Nebenverkehrszeit 20)
Durchschnittliche Reiseweite [km]	36,8 (Gesamtstrecke)	27,6
Inbetriebnahme	Noch unklar, frühestens 2007	Noch unklar, vielleicht bereits 2006
Kosten:		
Investitionen [€]	1,6 Mrd., davon 1,4 Mrd. für die Infrastruktur und 163 Mio. für die Fahrzeuge	3,2 Mrd., davon 2,6 Mrd. für die Infrastruktur und 573 Mio. für die Fahrzeuge
Betriebskosten pro Jahr [€]	32,52	50,84

Anhang 6: Rechtliche Grundlagen für den Hochgeschwindigkeitsverkehr (Quelle: DB AG 2002 und Matthews 1998, S. 21ff)

Das Grundgesetz gibt in Artikel 71 den äußeren Rahmen vor. Mit ihm wird die ausschließliche[240] Gesetzgebung des Bundes bezüglich Bau, Unterhalt und Betrieb von Schienenwegen der Bundesbahn geregelt (GG Art. 73, Nr. 6).

ICE	Transrapid
Die wichtige Eisenbahn- Bau- und Betriebsverordnung (EBO) wurde auf der Grundlage des Allgemeinen Eisenbahngesetzes (AEG) erlassen. Diese wiederum stellt den § 5 des Artikelgesetzes „Gesetz zur Neuordnung des Eisenbahnwesens" dar.	Das allgemeine Magnetschwebebahngesetz (AmbG) regelt die Beförderungspflicht, die Tarife und die Stellung des EBA. Das Magnetschwebebahnplanungsgesetz (MBPlG) behandelt die rechtliche Sicherung der Planungsvorhaben.
Von den sieben Abschnitten der EBO sind zu diesem Thema vor allem die Abschnitte 2 (Bahnanlagen), 3 (Fahrzeuge) und 4 (Bahnbetrieb) relevant.	Als wichtigstes Rechtsinstrument kann die Magnetschwebebahnverordnung mit ihren zwei Artikeln, angesehen werden. Art. 2 enthält die Magnetschwebebahn-Lärmschutzverordnung, welche vorrangig aus Berechnungshilfen für die Ermittlung des Beurteilungspegels und den hierfür relevanten Immisionsgrenzwerten besteht.
Sie enthält und definiert Mindestanforderungen sowie zulässige Grenzwerte für Fahrzeuge und Fahrwege.	
Darüber hinaus sind sog. Drucksachen (DS) der DB AG von Bedeutung[241]. Hierzu sind vorrangig die DS 800 02 (Entwerfen von Neubaustrecken) und die DS 800.0110 (Linienführung) zu nennen.	Wesentlich ist vor allem aber der erste Artikel, die Magnetschwebebahn-Bau- und Betriebsordnung (MbBO). Sie entspricht in ihrem Regelungsanspruch weitestgehend der EBO und ist ebenso in sieben Abschnitte unterteilt. Hiervon sind die Abschnitte 3 (Betriebsanlagen) und 4 (Fahrzeuge) besonders wichtig.
Weiterhin spielt die sechzehnte Verordnung zum Bundesimmisionsschutzgesetz, die Verkehrslärmschutzverordnung, eine wichtige Rolle. Sie entspricht der Magnetschwebebahn-Lärmschutzverordnung.	

Beide Bahnen werden durch die internationale Normung der UIC berührt. Dies betrifft vor allem den ICE hinsichtlich der Vereinheitlichung der nationalen Besonderheiten im Eisenbahnverkehr. Das Eisenbahnbundesamt (EBA) nimmt für beide Systeme die Funktion einer Aufsichts- und Genehmigungsbehörde wahr.

---

[240] Die *konkurrierende* Gesetzgebung (GG Art. 72) betrifft die Nebenbahnen und ist hier (derzeit) ohne Belang.

[241] Auch die EBO stellt eine Drucksache dar: DS 300.

Verzeichnis der verwendeten Literatur

ABLINGER, P.; KLEBOTH, C.; RHOMBERG, H.: Spezifische Anforderungen an die Herstellung des Füllbetons bei Festen Fahrbahnen, in: Eisenbahningenieur 9/2001

ADLER, G. et. al. (Hrsg.): Lexikon der Eisenbahn, Transpress, Berlin 1981^6

AMLER, G.; LANGER, H.-G.: SIBAS 32 – Eine Steuerung für alle Fahrzeuge, Sonderdruck aus ETG-Fachbericht Nr. 74, Siemens, Erlangen, o. J.

BEITZ, W.; GROTE, K.-H.: DUBBEL (Hrsg.): Taschenbuch für den Maschinenbau, Springer, Berlin 2001^{20}

BENOIST, A: Schöne Vernetzte Welt, Hohenrain, Tübingen 2001

BERTELSMANN LEXIKON INSTITUT (Hrsg.): Das Neue Taschen Lexikon, Bertelsmann, Gütersloh 1992

BÖSL, B.: Vorlesungsmanuskript „Bahnbau", Fachhochschule Deggendorf 2000

BROCKHAUS REDAKTION (Hrsg.): Der Brockhaus von A-Z, F. A. Brockhaus, Mannheim 2000

BRUCKMANN, D.; SCHÖNHARTING, J.: Schweben und Vernetzen, Optimierung des Zu- und Abgangs beim Transrapid, in: Eisenbahningenieur 2/2002

BRUX, G.: Neubaustrecke Köln-Rhein/Main fertiggestellt, in: Eisenbahningenieur 2/2002

BUNDESAMT FÜR NATURSCHUTZ (Hrsg.): Auswirkungen eines neuen Bahnsystems auf Natur und Landschaft (bearbeitet vom IFB), Bonn - Bad Godesberg 1996

BUNDESMINISTERIUM FÜR VERKEHR (Hrsg.): HSB-Studie über ein Schnellverkehrssystem, Eigendruck, Bonn 1972

BUNDESMINISTERIUM FÜR VERKEHR, BAU- UND WOHNUNGSWESEN (Hrsg.): Verkehrsbericht 2000, Eigendruck, Berlin 2000

BUNDESMINISTERIUM FÜR VERKEHR, BAU- UND WOHNUNGSWESEN (Hrsg.): Bericht zum Ausbau der Schienenwege, Eigendruck, Bonn 2001

BUNDESMINISTERIUM FÜR VERKEHR, BAU- UND WOHNUNGSWESEN (Hrsg.): Mobilität und Verkehr, Eigendruck, Berlin 2002

CZICHOS, H. (Hrsg.): Hütte - die Grundlagen der Ingenieurwissenschaften, Springer, Berlin 2000^{31}

DARR, E.: Konstruktion, Bauarten, Gleislagestabilität, Instandhaltung und Systemvergleich der Festen Fahrbahn, in: Rausch, R.: Gleisbau 2001, Chmielorz, Wiesbaden 2001

DEUTSCHE BAHN AG (Hrsg.): Bahntech 3/2001, Berlin 2001

DEUTSCHE BAHN AG (Hrsg.): Bahntech 4/2002, Berlin 2002

DILLIG, G.; SCHNAAS, J.: Aluminium – ein etablierter Werkstoff im Schienenfahrzeugbau, in: Stadtverkehr 5/2000

ECKART, K (Hrsg.): Deutschland - Perthes Länderprofile, Klett-Perthes, Gotha 2000

EISENMANN, J.; LEYKAUF, G.: Feste Fahrbahn für Schienenbahnen, in: Beton-Kalender 2000, Ernst & Sohn, Berlin 2000

EISENMANN, J.: Eisenbahnoberbau für Hochgeschwindigkeitsstrecken, in: Eisenbahningenieur 9/2001

EISENMANN, J.: Gleisstabilität von HGV-Strecken unter Berücksichtigung der linearen Wirbelstrombremse, in: Eisenbahningenieur 5/2002

ELLWANGER, G.: Europäischer Hochgeschwindigkeitsverkehr hat Zukunft, in: Eisenbahningenieur 9/2001

ENGLMEIER, B.: Vergleichende Darstellung der beiden spurgebundenen Hochgeschwindigkeitsbahnen ICE und Transrapid, Diplomarbeit an der Fachhochschule Deggendorf, Fachbereich Bauingenieurwesen, Deggendorf 2002

EPPENDORFER, Carsten: Die staatliche Transrapidförderung, Vandenhoeck & Rupprecht, Göttingen 1999

FALK, K.: Der Drehstrommotor, VDE-Verlag, Berlin 1997

FEIX, J.; BRYLKA, R: Bau des hybriden Fahrwegs für den Transrapid in Shanghai, in: Eisenbahningenieur 2/2002

FIEDLER, J: Bahnwesen, Werner, Düsseldorf 1999[4]

FIEDLER, J: Grundlagen der Bahntechnik, Werner, Düsseldorf 1980[2]

FLEISCHER W.; LIESCHKE, H.; VON WILCKEN, A.: Neue Feste Fahrbahn-Systeme in Betonbauweise, in: Eisenbahningenieur 10/2002

FRANZ-WILLING, G.: Die technische Revolution im 19. Jahrhundert, Hohenrain, Tübingen 1988

FÜSSER, K.: Stadt, Straße & Verkehr, Vieweg Verlag, Wiesbaden o. J.

GALL, L; POHL, M. (Hrsg.): Die Eisenbahn in Deutschland, Beck, München 1999

GMELCH, H.: Der Umweltkompass, München 2000

GÖSKE, E.: Die Magnetschnellbahn Transrapid: Erfolgschance der Industriepolitik, Verlag für Weltwirtschaft, Kiel 1995

GRÄFEN, H. (Hrsg.): Lexikon Werkstofftechnik, VDI-Verlag, Düsseldorf 1993

GRALLA, D.: Eisenbahnbremstechnik, Werner, Düsseldorf 1999

GROTE, A.: Zwischen den Zeilen gelesen, in: Süddeutsche Zeitung vom 26.08.2003

HEINRICH, K.; KRETSCHMAR, R. (Hrsg.): Magnetbahn Transrapid, Hestra, Darmstadt 1989

HERING, E.; MODLER, K. (Hrsg.): Grundwissen des Ingenieurs, Hanser, München 2002[13]

HOLZBAUR, U.; KOLB, M.; ROßWAG H. (Hrsg.): Umwelttechnik und Umweltmanagement, Spektrum, Heidelberg 1996

JUNG, V. : Magnetisches Schweben, Springer, Berlin 1988

JÄNSCH, E.: Fahrzeugentwicklungen für den Hochgeschwindigkeitsverkehr, in: Eisenbahningenieur 9/2001

KIENBERGER, A.: Fahrwerke mit aktiver Neigetechnik – ausgewählte Beispiele aus Simulation und Fahrversuch, in: VDI-Berichte Nr. 1568, o. O. 2000

KLÜHSPIES, J.: Perspektive Transrapid, Books on Demand GmbH, München 2001

KNITTEL, H.: Hochgeschwindigkeitstechnik – Züge für die Zukunft, in: BROCKHAUS REDAKTION (Hrsg.): Mensch Natur, Technik, Bd. 4. Technik im Alltag, Brockhaus, Leipzig, Mannheim 2000

KÖHLER, U. (Hrsg,): Verkehr – Straße, Schiene, Luft, Ernst & Sohn, Berlin 2001

KOSAK, W.: Die Super-Eisenbahnen der Welt, Falken, Niedernhausen 1987

KÖSTERS, W.: Umweltpolitik, Olzog, München 2002

KRÜGER, M. : Zugsicherung in Deutschland - von der LZB zu ETCS, in: Eisenbahningenieur 2/2003

KUNDMANN et al.: Die Leittechnik der neuen Triebzüge ICE 3 und ICE T, in: ZEV + DET Glasers Annalen 124 (2000), Nr. 8 S. 433-444, Nr. 9 S.509-515

KUTTER, E.: Verkehrstechnologien kontrovers: Optimale Verkehrsfunktion oder höchster Nutzen für das Gesamtsystem, in: RADE, A., ROSENBERG, W. (Hrsg.): Transrapid in der Diskussion, TU Berlin, Berlin 1995

LANGNER, U.; WEIGELT, H.: 44 Jahre Zeitgeschichte – Chronik Deutsche Bundesbahn, Hestra, Darmstadt 1998[2]

LATTEN, R.: Jahrbuch Europäische Eisenbahnen 2000, Transpress, Stuttgart 1999

LIEBL, T. et. al. (Hrsg.): 150 Jahre Deutsche Eisenbahnen, Eisenbahn Lehrbuch Verlagsgesellschaft, München 1985[3]

LINDLAR, H.-G.: Machbarkeitsstudie für Magnetschnellbahnstrecken in Bayern und Nordrhein-Westfalen, in: Eisenbahningenieur 5/2002

MANDEL, G.: GSM-R-Infrastruktur für die Neubaustrecke Köln - Rhein/Main, in: Eisenbahningenieur 3/2003

MARTINSEN, W.; O., RAHN, T. (Hrsg.): ICE – Zug der Zukunft, Hestra, Darmstadt 1997[3]

MATTHEWS, V.: Bahnbau, Teubner, Stuttgart 1998[4] und 2002[5]

MECHTERSHEIMER, A.: Handbuch Deutsche Wirtschaft, Unser Land – Wissenschaftliche Stiftung für Deutschland e. V., Starnberg 2003

MEHLHORN, G.(Hrsg.): Fahrdynamik/Verkehrsfluß, Ernst & Sohn, Berlin 1996

MNICH, P.: Die Bahnen und die Magnetfahrtechnik in Japan und Deutschland, in: ETR 46/1997

MNICH, P.; MARSCHOLLEK, M.: Qualitätssprünge in der Bahntechnik durch das Magnetbahnsystem Transrapid, in: RADE, A., ROSENBERG, W. (Hrsg.): Transrapid in der Diskussion, TU Berlin, Berlin 1995

NAUMANN, P.; PACHL, J.: Leit- und Sicherungstechnik im Bahnbetrieb, Tetzlaff, Hamburg 2002

NEUMANN, A.: Ausrüstungstechnik für die HGV-Strecke Köln/Rhein-Main, in: Eisenbahningenieur 9/2002

OLSHAUSEN, H. G. und VDI-Gesellschaft Bautechnik (Hrsg.): VDI-Lexikon Bauingenieurwesen, Springer, Berlin 1997^2

Opitz, P.: Weltprobleme, München 2001^5

PACHL, J.: Systemtechnik des Schienenverkehrs, B. G. Teubner, Stuttgart 2000^2

PAWELKA, S.: Der Transrapid für München?, Pressemitteilung des BUND Naturschutz in Bayern e.V., München 2001

PLANUNGSGEMEINSCHAFT METRORAPID - TRANSRAPID: Machbarkeitsstudie für Magnetschnellbahnstrecken in Bayern und Nordrhein-Westfalen (Kurzfassung), Berlin 2002

PLEMPER, M.: Auf der Scheine kommt Europa zum Zuge, in: Praxis Geographie 6/1994

RADE, A.: Konfliktfelder – Konfliktlinien – Positionen, in: RADE, A., ROSENBERG, W. (Hrsg.): Transrapid in der Diskussion, TU Berlin, Berlin 1995

RATH, A.: Möglichkeiten und Grenzen der Durchsetzung neuer Verkehrstechnologien dargestellt am Beispiel des Magnetbahnsystems Transrapid, Duncker & Humblot, Berlin 1993

RÖßLER, K.: Statt ICE- und Tunnel-Wahn umweltverträgliche Eisenbahn (Hrsg.: BUND Landesverband Thüringen e. V.), München 1993

SAUTER, W.: Grundzüge einer verkehrs- und umweltpolitischen Bewertung des Magnetbahn-Projekts „Transrapid", in: Rade, A., Rosenberg, W. (Hrsg.): Transrapid in der Diskussion, TU Berlin, Berlin 1995

SAUTTER, D.; WEINERT, H. (Hrsg.): Lexikon Elektronik und Mikroelektronik, VDI-Verlag, Düsseldorf 1993^2

SCHIEMANN, W.: Schienenverkehrstechnik, Teubner, Stuttgart 2002

SCHNEIDER, K.-J. (Hrsg.): Bautabellen für Ingenieure, Werner, Düsseldorf 2001^{14}

STATISTISCHES BUNDESAMT (Hrsg.): Datenreport 2002, Bundeszentrale für politische Bildung, Bonn 2002

TEST SPEZIAL (STIFTUNG WARENTEST): Energie und Umwelt, Nr. 9503, o. O. 1995

THÜNE, W.: Freispruch - für CO_2, Edition Steinherz, Wiesbaden 2002

TIETZE et al. (Hrsg.): Geographie Deutschlands – Bundesrepublik Deutschland, Gebrüder Bornträger, Berlin 1990

UMWELTBUNDESAMT/STATISTISCHES BUNDESAMT (Hrsg.): Umweltdaten Deutschland 2002, Berlin/Wiesbaden 2002

VÖLKENING, W.: Asien fährt Europa mit dem Transrapid davon, in: Eisenbahningenieur 3/2002

WAGNER, R.: Technologische Perspektiven für Fahrzeuge im spurgeführten Hochgeschwindigkeitsverkehr, Georg Siemens Verlagsbuchhandlung, Erlangen 1997

WESCHTA, A.: Die elektrische Ausrüstung der Schnellverkehrstriebzüge ICE 3 und ICT der Deutschen Bahn AG, in: ZEV + DET Glasers Annalen 119, Nr. 9/10, 1995

WOLKOWITSCH, M.: Train à Grande Vitesse, in: Geographische Rundschau 51/1999

WULF, R.: Kritische Betrachtung der Transrapidtechnologie mit den Mitteln der Problemlösungsmethodik, Hausarbeit an der Hochschule St. Gallen, o. O., o. J.

ZÄNGL, W.: ICE: Die Geisterbahn, Raben Verlag, München 1993

ZILCH, K. et. al. (Hrsg.): Handbuch für Bauingenieure, Springer, Berlin 2001

Prospekte und Broschüren:

KONSORTIUM IC NEITECH (Hrsg.): Elektrischer Triebzug ICE T mit Neigetechnik für die Deutsche Bahn AG

KONSORTIUM ICT-VT (Hrsg.): Dieselelektrischer Triebzug ICE TD mit Neigetechnik für die Deutsche Bahn AG

MVP: Der Transrapid – Die wegweisende Technik

SIEMENS AG (Hrsg.): Die Bordstromversorgung der ICE Triebzüge

SIEMENS AG (Hrsg.): Elektrischer Triebzug ICE T mit Neigetechnik für die Deutsche Bahn AG

SIEMENS AG (Hrsg.): ICE 3 – Triebwagenzug für das europäische Hochgeschwindigkeitsnetz

THYSSEN-TRANSRAPID-SYSTEM: Magnetschnellbahn Transrapid – Vom HMB 2 zum Transrapid 08

TRI: Hochtechnologie für den „Flug in Höhe 0" – Magnetschnellbahn Transrapid, Broschüre und VHS-Film

TRI: Magnetschnellbahn Transrapid – Technik und System

TRI: Transrapid-Projekt Shanghai (Faxmitteilung vom 08.02.2001)

Hinweis: Die Inhalte der Herstellerbroschüren sind oftmals identisch mit den textlichen Ausführungen in deren Internetauftritten. In solchen Fällen wurde im laufenden Text die Literaturangabe vereinfacht auf die Angebote im Internet bezogen.

Internetadressen:

http://www.bahn.de (DB AG)

http://www.bund-naturschutz.de (Bund Naturschutz in Bayern e.V.)

http://www.deutsche-wirtschaft.org (Mechtersheimer, A.)

http://www.hochgeschwindigkeitszuege.com (WERSKE, A.)

http://www.mvp.de (MVP)

http://www.siemens.de (Siemens AG)

http://www.swissmetro.com (Projekt „Swissmetro")

http://www.transrapid.de (TRI)

http://www.tu-berlin.de (IFB)

http://www.uic.asso.fr (UIC)

http://www.umweltbundesamt.de (Umweltbundesamt)

http://www.welt.de (Die Welt)

www.ingramcontent.com/pod-product-compliance
Lightning Source LLC
Chambersburg PA
CBHW082331220526
45470CB00008B/2478